フードテック

―中小企業によるフード業界の変革―

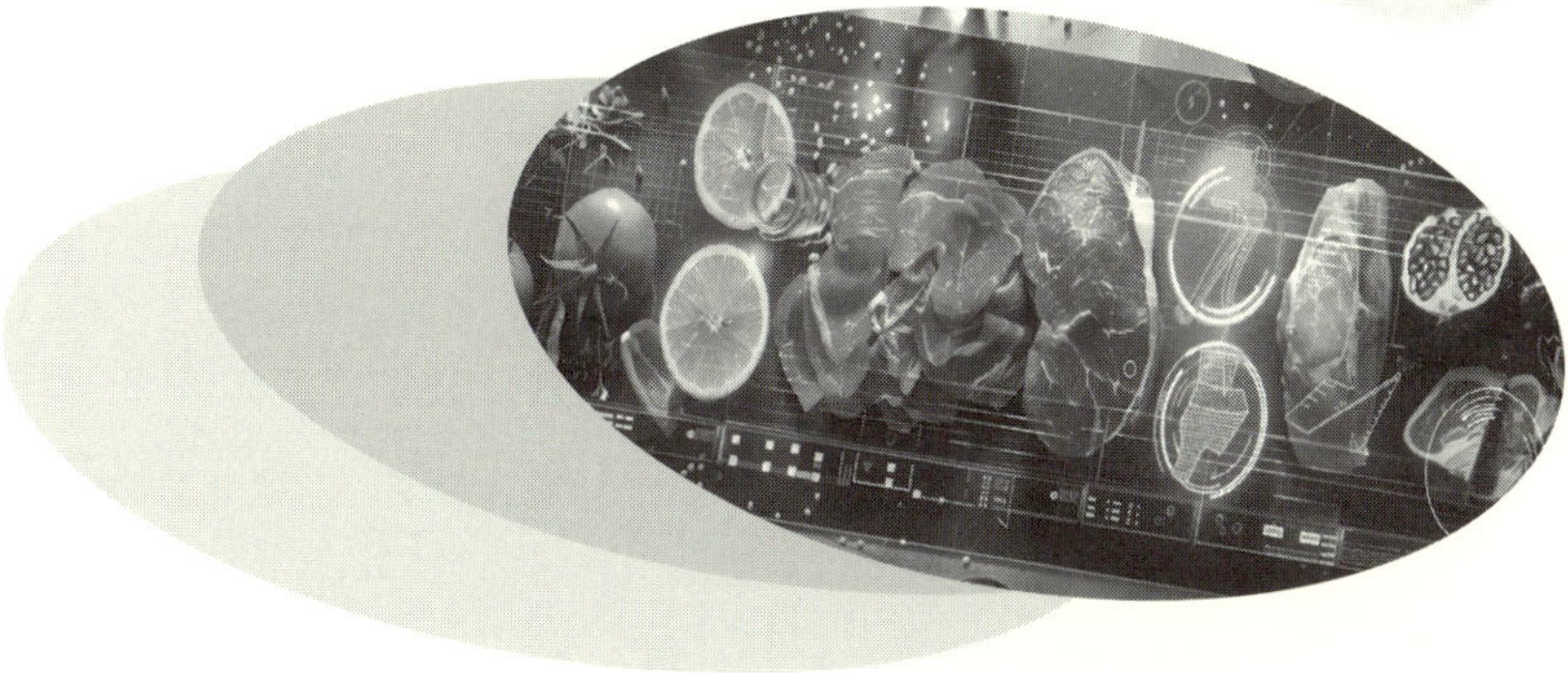

日本政策金融公庫総合研究所 編

はしがき

クロステック（X-Tech）が、さまざまな産業領域で注目されている。そのなかで、本書が取り上げるのは、フード業界にテクノロジーをかけ合わせた「フードテック」である。

フード業界の領域は広く、第1次産業から第3次産業までかかわっている。わたしたちが生きていくのに欠かせない分野ではあるが、食料自給率の低さ、食品の廃棄ロス、生産者の高齢化など、さまざまな問題が顕在化している。いずれも構造的な、容易には解決できない難題である。

しかし、そのような壁を突き崩す手がかりとなり得るのが、テクノロジーである。新たな技術を活用することで、従来できなかったことが実現可能になることもある。ときに異分野から参入し、古くからあった常識を鮮やかに覆し、難題を解決に導く、こうしたフードテックの担い手が、中小企業のなかからも次々に生まれている。

もっとも、最先端のテクノロジーと中小企業は縁遠いと考える人もいるだろう。もともとフード業界は、第1次産業や飲食店など、どちらかといえば、労働集約的なイメージの強い分野も少なくない。しかし、その思い込みを覆さない限り、世界は変わらない。

こうした問題意識から、日本政策金融公庫総合研究所は、フードテックに取り組む中小企業の事例調査を実施した。本書はその研究成果をまとめたものである。単なる技術開発話ではなく、なぜ中小企業がフード業界の課題にテクノロジーを活用するに至ったのか、どのようにビジネスとして展開していったのかに迫った。取材した12社の分析を通じて、フードテックという最先端の領域でどのような中小企業が活躍し、経済社会にどのようなインパクトを与えているのか、また与え得るのかを描いたつもりである。

本書は2部構成である。第I部の総論では、フード業界の特徴と課題を整理し、テクノロジーを駆使して課題解決に挑む中小企業の取り組みをまとめた。事例企業が課題を発見し、解決方法を発想するまでのプロセスを確認したうえで、個人、産業、社会の三つの階層にフードテックがもたらす便益を整理した。最終章では、フード業界に限らず、さまざまな分野のクロステックにおいて、中小企業が活躍する余地があることに触れている。執筆は当研究所主任研究員の篠崎和也が担当した。第II部の事例編では、事例企業による取り組みの詳細をインタビュー形式で紹介している。取材と執筆は篠崎のほか、主任研究員の笠原千尋、山崎敦史、研究員の西山聡志、青野一輝、中野雅貴、池上晃太郎、真瀬祥太が担当した。編集については、㈱同友館の神田正哉氏をはじめ編集部の方々にご尽力いただいた。

何より、ご多忙にもかかわらず、貴重なお話を聞かせてくださった企業経営者をはじめ役員や従業員の皆さまに、わたしたちの取材に快く応じていただいたことを感謝申し上げたい。

本書の分析が、フードテックやその他さまざまな分野でクロステックに取り組もうとする中小企業にとって参考となれば幸いである。

2024年9月

日本政策金融公庫総合研究所

所長　大沢　明生

目 次

第Ⅱ部　事例編

事例3　データ分析で次世代の魚づくりに挑む　91
赤坂水産㈲（愛媛県西予市、マダイ、ヒラメの養殖）

事例4　つないで広げるフードロス削減の輪　103
バリュードライバーズ㈱（東京都千代田区、ｔａｂｅｌｏｏｐの運営、インターネットマーケティング支援）

事例5　ロボットで食産業を魅力的な職場に　115
コネクテッドロボティクス㈱（東京都小金井市、食産業向けロボットの開発）

事例6　一人ひとりに最適な栄養を　127
ドリコス㈱（東京都文京区、オーダーメードサプリメントサーバーの開発）

事例7　国産ドローンが農家にゆとりをもたらす　139
㈱マゼックス（大阪府東大阪市、産業用ドローンの製造販売）

事例8　冷凍の技術で食品流通のあり方を変える　151
デイブレイク㈱（東京都品川区、特殊冷凍ソリューション事業）

事例9　小さな植物工場がつくる都会の農業　163
スパイスキューブ㈱（大阪府大阪市、植物工場の事業化支援、農業装置設計開発）

事例10　本物の肉を超える植物肉を　175
グリーンカルチャー㈱（埼玉県三郷市、プラントベース食品の開発、製造販売）

事例11　環境と人に優しい食料生産を　187
㈱アクポニ（神奈川県横浜市、アクアポニックス農場の設計・施工、生産指導）

事例12　加水分解で食の新たな可能性を追求する　199
日本ハイドロパウテック㈱（新潟県長岡市、加水分解処理食品の製造・販売、製造用機械の販売・整備・リース等）

第Ⅰ部

総　論

フード業界の課題とテクノロジー、そして中小企業の発想

日本政策金融公庫総合研究所
主任研究員　**篠崎 和也**

第1章 注目されるフードテック

近年、既存のビジネスや産業に最先端のテクノロジーを活用して新たな商品やサービスを生み出すクロステック（X-Tech）が、トレンドとなっている。われわれの生活に欠かせない食の分野とテクノロジーをかけ合わせた「フードテック」は、注目度が高まっているカテゴリーの一つである。日経テレコンにより「フードテック」をキーワードに検索し、掲載された記事の数をみると、２０１０年の31件から２０２０年には４１１件、２０２３年には６３５件にまで増えている。

２０２０年４月には農林水産省によって「フードテック研究会」が、同年10月には官民共同で「フードテック官民協議会」がそれぞれ立ち上げられるなど、国全体でフードテック市場の活性化を後押しする動きが広がっている。「フードテックジャパン」や「ＳＫＳＪＡＰＡＮ」をはじめ、食に関する技術やサービスの展示会、イベントなども定期的に開催されるようになった。

農林水産業や食品製造業、外食産業といったいわゆるフード業界は、どちらかといえば、これまで厳しい経営状況にあった。例えば、成長性の低さだ。農林水産省の「令和４年農業・食料関連産業の経済計算（概算）」から「農業・食料関連産業」の名目国内総生産の推移をみると、２０００年の56・3兆円から２０２０年には48・0兆円へと15％ほど減少している。全産業の名目国内総生産が２０００年の５３５・４兆円から２０２０年の５３９・８兆円へと増加しているのとは対照的である。

生産性も低い。日本生産性本部「主要産業の労働生産性水準」によれば、２０２１年の「農林水産業」の労働生産性は就業者１人当たり２１４万円で、「全産業」の８０３万円に比べて低い。「経済産業省企業活動基本調査」の「２０２２年企業活動基本調査確報―２０２１年度実績―」から、２０２１年度の「食料品製造業」の従業者１人当たりの労働生産性を算出すると６４４万円となり、製造業全体（１１８４万円）の半分程度の水準にとどまる。「飲食サービス業」についても１９９万円で、産業全体（８９３万円）を大幅に下回る。

このように厳しい領域だったはずのフード業界であるが、なぜその関連産業であるフードテックが注目されるようになったのか。背景には、社会の構造変化がある。四つほど挙げよう。

一つ目は、将来的な世界の食料需要の増加である。わが国では人口が減少している一方、世界の人口は増加傾向にある。国際連合によれば、２０３０年に85億人、２０５０年には97億人に増加すると予測されている（国際連合広報センタープレスリリース（2022年8月18日））。農林水産省（2019）は、世界の食料需要は2050年には2010年比で1・7倍になると想定されており、増大するたんぱく資源などの需要に対応する必要があると指摘する。将来的な食料需要の拡大に向けて供給面の整備が求められている。

二つ目は、環境意識の高まりである。田中ほか（2020）は、国際的なNGOが試算したデータを引き、世界のフードシステムをトータルでみると、付加価値よりも気候変動や土壌汚染、生物多様性の破壊など環境や健康、経済にもたらすマイナスのインパクトの方が大きいと指摘している。環境省（2023）は、地球規模での人口増加や経済規模の拡大のなかで、人間活動に伴う地球環境の悪化はますます深刻となり、地球の生命維持システムは存続の危機にひんしている、と警鐘を鳴らす。こうしたなか、消費者の間では環境負荷の小さい商品を志向する動きが出てきている（早瀬，2021）。

三つ目は、担い手の減少である。農林水産省「農林業センサス累年統計年齢別基幹的農業従事者数」によれば、農業従事者の数は2010年の205万人から2020年には136万人と、10年間で3割程度減少している。日本政策金融公庫総合研究所が2023年

12月に行った「中小企業の雇用・賃金に関する調査」によれば、正社員の過不足感について「飲食料品製造業」では58・６％の企業が不足と回答しており、製造業全体の54・４％を上回っている。また、「飲食店（持ち帰り、配達飲食含む）」では81・４％と、全業種計の58・８％を上回っている。農林水産省「農業労働力に関する統計」によると、自営農家の平均年齢は２０２３年で68・７歳となっている。農林水産省（２０２３）は、国内の人口減少や高齢化の進展に伴う人材確保難のなか、原材料価格の高騰なども影響して、食品産業の生産活動への支障が顕在化していると指摘する。

最後は、食におけるニーズの多様化である。田中ほか（２０２０）によると、従来求められていた健康、おいしさ、効率、安さといった価値観に加えて、「もっと料理を楽しみたい」「もっと自分の体調に合った料理を食べたい」「食事において家族とのコミュニケーションを大事にしたい」「フードロスをなくしたい」といった幅広いニーズが強まっているという。農林水産省（２０２３）においても、健康志向や環境志向などが広がるなかで、食に求めるニーズも多様化しているとの指摘がある。

われわれの生活に欠かせない食の分野では、食料需要の拡大に向けた供給力の向上、環境に配慮した持続可能な食料生産、担い手の減少への対応、多様化した食のニーズの充足が求められている。ただし、これらの実現は決して簡単ではない。そこで、テクノロジーの出番となる。早瀬（２０２１）によると、ゲノム編集技術や培養技術、デジタル技術など、これまで食とは縁遠かった技術が食分野と融合して新たなイノベーションが生まれているという。今まで高く立ちはだかっていた障壁を技術の進歩によって乗り越えられる可能性が出てきた。食の課題解決に向け大きく動き出しているなかで、フードテックに対する注目度が高まっているのである。

そして、食を取り巻く課題は足元から将来まで時間軸がさまざまで、対象も個人から地球規模と幅広い。ＩＴや機械製造業など異業種からの参入も多い。今まで停滞してきたフード業界に大きな変革が起きようとしている。その担い手は、決して大企業だけではない。食料品製造業や飲食店といったフード業界は中小企業が多く活躍する分野であり、技術やアイデアの発想に規模の大小は関係ない。本書では、先進的な技術でわれわれの食を豊かにしようと活躍している中小企業の事例から、取り組んでいる課題や活用している技術、もたらしている便益を分析していく。

第2章 フード業界の領域と特性

事例企業の分析を進める前に、まずは本書が取り上げるフード業界を概観したい。本章では関係する領域と業界ならではの特性についてみていく。

(1) 領　域

食に関連する業種は、第1次産業から第3次産業まで幅広く存在する。ここでは農林水産省が公表している「農業・食料関連産業の経済計算」の推計範囲をもとに、川上から川下にかけて業種の例を挙げることで、フード業界の範囲や規模、主なプレイヤーについて具体的なイメージを共有したい。

川上としてまず挙げられるのは、原材料となる食材を生産する農林漁業だろう。米や麦類、野菜、果物を生産する耕種農業や、酪農、肉用牛や豚、鶏卵を生産する畜産農業、魚類や貝類、海藻類などを生産する漁業がある。林業のなかにも、きのこ類や山菜など特用林産物を生産する業種がある。

次に、食材を加工して食品や飲料をつくる食品製造業がある。食肉や畜産食料品、水産食料品など農林漁業で生産された素材そのものに近い製品から、めん類やパン類、菓子類といった、原材料が大きく形を変えた製品などさまざまである。冷凍食品やレトルト食品、総菜といった調理が施された製品もある。また、製造業のなかには、食材の生産活動に必要な飼料や肥料、農業用機械、食品加工用機械などを手がける業種もある。

そして、食材や食品が流通する過程にも多くの業種がかかわっている。運輸業や卸売業、小売業である。最後に、家庭外で食事を提供する外食産業である。大衆食堂や専門料理店など、多様な飲食店がある。また、近年は新型コロナウイルス感染症の影響もあり、調理された料理を宅配やテイクアウトして自宅で食べる、いわゆる中食にかかわる企業も増えている。

もちろん、ここに挙げたもの以外にも、食に関係する業種はあるだろう。フード業界は、多種多様な事業者が参画する広大な領域であることがわかる。

その大きさをデータでみてみよう。農林水産省「令和4年農業・食料関連産業の経済計算(概算)」によれば、「農業・食料関連産業」の生産活動および取引の総額である名目国内総生産額は114.2兆円で、全産業の10.2%を占めている。

また、経済産業省・総務省の「令和3年経済センサス―活動調査」によれば、「農林漁業」

表－１　フード業界に属する主な業種における事業所数と従業者数

業　種	事業所数（事業所）	従業者数（人）
全産業	5,288,891	62,427,908
農林漁業	43,623	461,376
食料品製造業	43,766	1,277,205
飲食料品卸売業	64,123	746,111
飲食料品小売業	258,935	3,219,229
飲食店、持ち帰り・配達飲食サービス業	555,973	4,074,292

資料：経済産業省・総務省「令和３年経済センサス－活動調査」

の事業所数は４万３６２３、従業者数は46万１３７６人、「食料品製造業」の事業所数は４万３７６６、従業者数は１２７万７２０５人、「飲食料品卸売業」の事業所数は６万４１２３、従業者数は74万６１１１人、「飲食料品小売業」の事業所数は25万８９３５、従業者数は３２１万９２２９人、「飲食店、持ち帰り・配達飲食サービス業」の事業所数は55万５９７３、従業者数は４０７万４２９２人である（表－１）。これらを合計すると事業所数は96万６４２０、従業者数は９７７万８２１３人となる。全産業の事業所数（５２８万８８９１）の18・３%、従業者数（６２４２万７９０８人）の15・７%を占める。このように、フード業界は一定のプレゼンスを有していることがわかる。

図　食用農林水産物の生産から飲食料の最終消費に至る飲食費のフロー

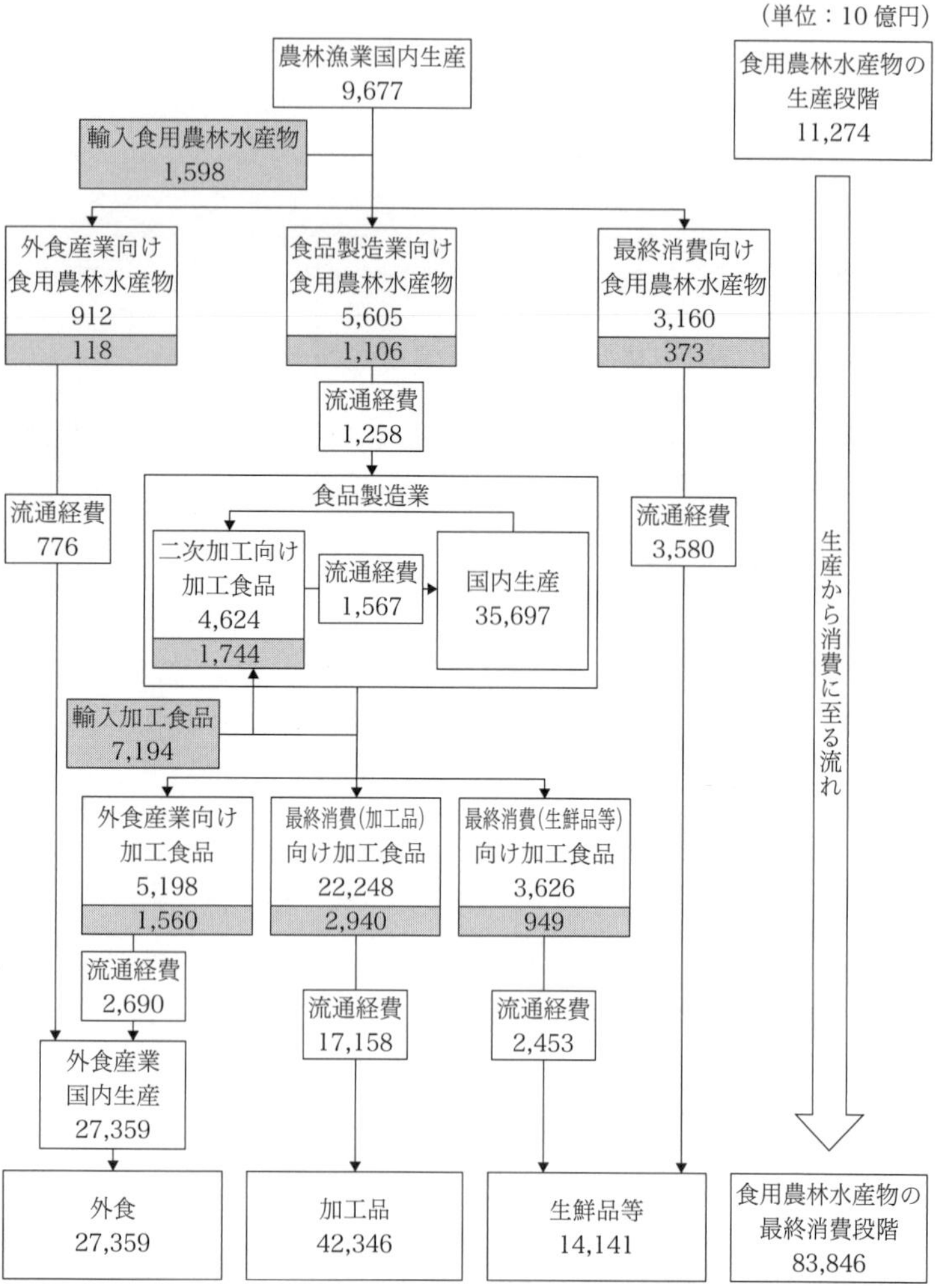

資料：農林水産省「平成27年（2015年）農林漁業及び関連産業を中心とした産業連関表（飲食費のフローを含む。）」(2020)

(注) ▒ は輸入を表している。

しかも、これらの業種は相互に関係している。図は農林水産省「平成27年（２０１５年）農林漁業及び関連産業を中心とした産業連関表（飲食費のフローを含む。）」で公表されている飲食費のフローである。国内に供給された食用の農林水産物が最終消費されるまでの流れを金額で示している。いずれかのセクションで技術革新によって生産性が高まれば、その効果が川上や川下のセクションにまで波及する可能性がある。

(2) 特　性

続いて、フード業界の商材である食品の特性を整理していく。

フードシステムの観点から消費や流通の特徴、社会問題との関係をまとめた大浦・佐藤（２０２１）は、食品の商品としての特徴に必需性、飽和性、安全性、生鮮性、習慣性の五つを挙げている。ここに筆者の考えも加え、順にみていこう。まず一つ目は必需性である。われわれが生きていくうえで食料は欠かすことができない。つまり、全人口が消費者であり、全世界が消費地であるといえる。

二つ目は飽和性である。胃袋の大きさには限界があるため、一人が一度に摂取できる食品の量は限られている。総務省「家計調査」により、二人以上の世帯における「食料」への月間支出額（2023年平均）をみると、年収が「200万円未満」の層では5万3207円だったのに対して、「1500万円以上」の層では12万7253円であった。年収が7倍以上となっても支出額は3倍以内にとどまっている。

三つ目は安全性である。口に入れるものである以上、食品に安全性が求められるのは当然だ。医療機器や自動車など安全性が求められる製品はほかにもあるが、先に述べた必需性も考え併せると、影響を及ぼす範囲の広さは、いずれにも劣らないだろう。

四つ目は生鮮性である。食品の種類によって程度は異なるものの、鮮度が味と安全性に大きく影響する。生鮮品や飲食店で提供される料理など、食品には長く保存しておくのが難しいものも多い。

五つ目は習慣性である。大浦・佐藤（2021）によると、食には習慣性があり、消費者が同じ食品を継続的に購入する行動にもつながるという。国や地域特有の伝統や歴史、宗教などに根差した食文化も多く存在する。

そして本書では、ここに三つの特性を加えたい。一つ目は、商品形態の多様性である。第1次産業で生産された素材そのものを消費することもあれば、それらを中間財として食品製造会社がインスタント食品や冷凍食品に加工したものを消費することもある。また、外食として飲食店で調理された料理を消費することもある。

二つ目は生産地の偏在性である。消費地は全世界である一方、食材の生産地については気候や立地などの影響を受けるため、ある程度限られてしまう。建物が密集した都心よりも郊外の方が農地は多いし、海がなければ海産物は採れない。

三つ目は生産量と質の不均一性である。生産量には季節変動がある。農業ならば気候、漁業であれば海水温など、自然の条件にも生産量が左右されることがある。また、仮に同じ条件で生産しても、大きさや形には個体差が生じる。そのため、農産物や海産物などの1次産品は、工業製品のように均質なものにはならない。

以上のように、食品には、家電や自動車、衣類といったほかの製品とは異なる特性がある。

第3章 フードテックが挑む課題

第1章で触れたように、食料需要の拡大に向けた供給力の向上、環境に配慮した持続可能な食料生産、担い手の減少への対応、多様化した食のニーズの充足などをフード業界は求められている。では、それらを実現するには、どのような課題をクリアする必要があるのだろうか。ここでは、第2章でみたフード業界の領域や提供する財である食品の特性も踏まえ、三つの「む」と三つの「不」にまとめた。

(1) 三つの「む」

まずは、無理、無駄、ムラの三つの「む」である。一般に、企業が経営の合理化や業務の効率化を図る際、排すべきボトルネックとして挙がるキーワードではあるが、それがフード業界にとってはより深刻な課題となる。

① 無　理

一つ目は、無理である。目的に対して手段が追いつかず、どこかに負荷がかかっている状態をいう。例えば、食品には生産地の偏在性があるため、遠隔地に輸送する必要が生じるケースが多い。加えて、食品には生鮮性がある。腐敗しやすかったり、傷つきやすかったりする食品を遠方に運ぶのは簡単ではない。輸送の結果、鮮度や味が落ちてしまうこともある。地産地消が自然な姿だとすれば、そこから乖離したニーズに応えようとした時点で、必然的にサプライチェーンに負荷がかかってしまう構図にあるわけだ。

ほかにも、食品生産における機械化の難しさもある。飲食店における調理や盛りつけは、複雑だったり、丁寧さが求められたりすることから、人の手によって行われることがほとんどである。また、農業においても、傾斜や土地の形状などによっては機械の導入が難しいことがある。これらの場合、生産量を増やそうとすると、作業をする従業員への負荷が大きくなる。

②無　駄

二つ目は、無駄である。需要に対して供給が上回り、商品が余っている状態をいう。まず、企業による食品のつくりすぎがある。先に社会構造の変化の一つとして食のニーズの多様化を挙げた。さらに、食品には商品形態の多様性という特性もある。ニーズと商品が多様化するなかで、欠品を防ごうと過剰生産したり、ラインアップを充実させようと大量陳列したりする結果、売れ残りが発生してしまうことがある。

また、生鮮性の観点からいえば、食品を店頭に並べておける期間には限りがある。当日限りというものも少なくない。需要を読み違え、売れ残れば廃棄することになる。加えて、消費者としても、自身の適正な需要を見定めるのは難しいかもしれない。食には飽和性があるため、人が消費できる量には限界がある。購入はしたものの期限内に消費し切れないとか、飲食店で注文したものの食べ切れないといった理由で、廃棄せざるを得ないケースもあるだろう。

③ムラ

三つ目は、ムラである。需要と供給のバランスにばらつきがある状態をいう。まずは量のムラがある。農林水産物の生産は気候や自然環境の影響を受ける。豊作もあれば凶作もあるため、供給を安定させることは難しい。また、飲食店や小売店には、季節や行事などによって繁閑の波が発生する。需要が供給を大きく上回ってしまうタイミングもあれば、その逆もある。

次に質のムラがある。先に述べたとおり、農林水産物や畜産物は工業製品のように規格が一定のものをつくるのが難しい。一方で、消費者は味や見た目について一定以上の基準を求める。形が不格好であったり、大きすぎたりするものは、売り物にならないことがある。

(2) 三つの「不」

続いて、不満、不足、不安の三つの「不」である。企業経営では「不」の解消にビジネスチャンスがあるといわれるが、フード業界でも食品の特性によるさまざまな「不」が生じる。

①不　満

一つ目は、不満である。フード業界は、大昔から、焼く、煮るなどさまざまな調理方法を開発し、それに合わせて人が楽しめる料理のバリエーションも増やしてきた。近年でも、料理の手間を少しでも減らしたい、あるいはもっとおいしいものが食べたいなどの声に応えるかたちで、新たな調理家電やインスタント食品、冷凍食品の開発などに取り組み、さまざまな不満の解消に取り組んできた。それでも、個人が抱える不満は多種多様で、一律に対応することはできない。豊かになるほどニーズは際限なく多様化するため、食の分野では満たされないニーズが絶えず新たに生まれている。

商品を提供する企業側にも、解消を要する不満がある。例えば、食材の廃棄ロスが増えれば、収益の重石となる。あるいは労働集約的な業務は生産性向上にとって足かせとなり得る。こうした業界の特性に起因するボトルネックは、経営者にとって不満の要因となるだろう。

②不　足

二つ目は、不足である。本書では、フードテックが注目されている背景の一つに、世界における将来的な食料の需要拡大を挙げた。現在、日本において食料不足を感じることはほとんどないかもしれない。ただし、農林水産省「食料需給表令和4年度」によれば、日本の食物自給率は供給熱量ベースで38％、生産額ベースで58％にとどまる。需要を満たすには、海外に頼らざるを得ない状態だ。つまり、国際情勢にひとたび不測の事態が起きれば、途端に食料不足が顕在化するリスクがある。そのため、不足の解消に向けた取り組みは、食料分野の安全保障につながるといえる。

また、労働力の不足もある。高齢化が進み、生産年齢人口が減っていくなか、第1章で触れたとおり、フード業界ではすでに担い手の減少が顕著になっている。

③ 不　安

最後は、不安である。これまでに行政や企業では、集団食中毒や牛海綿状脳症（BSE）、基準値を超える農薬が検出された野菜、産地偽装などの問題の解消に向けた取り組みが進められてきた。食のトレーサビリティの推進などがその一例といえる。日本政策金融公庫農林水産事業の「消費者動向調査」（2024年1月調査）で食の志向をみると、「安全志向」を挙げた人の割合は16・7％となった。業界における取り組みが進んだこともあり、確認できる最も古い2008年5月調査の41・3％からは低下してきているものの、安全性を重視する人は一定数いることがわかる。

　また、２０２４年1月調査では「健康志向」を挙げた人の割合が45・7％に上る。嗜好を優先して特定の栄養素の摂取量が過剰になったり、不足したりするケースは少なくない。高血圧や糖尿病など、食生活が起因の一端とされる生活習慣病もある。飽食と高齢化が進む時代にあって、健康への不安を解消することはさらに重要度を増している課題といえる。

第４章　不可能を可能にする技術

　前章では、フード業界が抱えている課題として、三つの「む」と三つの「不」をみてきた。いずれも一筋縄にはいかない難題であることは理解いただけただろう。一方、企業が活用できる技術は急速に進歩している。一昔前は解決できなかった課題が、新しい技術を駆使することで、解決できるようになることもある。

　当研究所は、技術分野をソフトウエアの領域である「ＩＴ・デジタル」、ハードウエアの領域である「ロボティクス・メカトロニクス」、生命や素材の領域である「バイオ・ケミカル」の三つに分けて、それぞれの技術を活用する中小企業に対してヒアリング調査を実施した。

調査対象は各分野4社ずつ、合計12社である。本章では、技術分野ごとに事例企業を紹介し、三つの「む」と三つの「不」のうち主にどの課題の解決に貢献しているのかを解説する。

(1) IT・デジタル

まずは、IT・デジタルの分野の企業を4社みていく。㈱CAN EAT(田ヶ原絵里社長、東京都新宿区、事例1)は、消費者の食物アレルギーを防止する二つのサービスを外食産業に提供している。一つは、加工食品や調味料の原材料ラベルをスマートフォンで撮影すると、材料に含まれるアレルゲンを表示してくれるアプリケーション「アレルギー管理サービス」である。撮影された原材料ラベルの画像から、AIがアレルゲンを自動判定し、その判定結果を外部の専門家がダブルチェックする。

もう一つのサービスは、消費者が食べられないものと食べられるものについての情報を事前に飲食店側と共有できる「アレルギーヒアリングシステム」である。どんな配慮が必要かを本人が細かく登録できるのが特徴だ。例えば、卵であれば加熱の要否、マヨネーズはだめだがつなぎに使われる程度なら大丈夫といった具合いである。

食物アレルギーは、消費者の命にかかわる可能性もある。誤食事故の防止は、食物アレルギーのある人の不安を取り除くことに貢献している。また、飲食店で楽しめる料理のバリエーションが増えれば、食物アレルギーが原因で食べたい料理を我慢している人の不満の解消につながる。料理を提供する側からみれば、消費者の食べられないものを誤って出してしまうことはなくなり、無駄もなくせる。

㈱Ｇｏａｌｓ（佐崎傑代表、東京都港区、事例２）は、飲食店向けの業務支援クラウドサービスである「ＨＡＮＺＯ」シリーズを運営している。現在、「ＨＡＮＺＯ 自動発注」と「ＨＡＮＺＯ 人件費」といったサービスを提供する。前者では、過去の売り上げや天候、曜日、季節、近隣で開かれるイベントの状況などからＡＩが需要を予測し、食材の発注を管理する。後者では、需要予測から、ＡＩが最適な人員配置を提案する。１時間ごとの繁閑の予測をもとに、アイドルタイムなども考慮した必要人数が提示される。

食材を切らすことによる機会損失を防ごうと、過剰在庫を抱える飲食店は少なくない。期限内に使い切れなければ廃棄せざるを得なくなる。受注管理を最適化できれば、食材の無駄をなくすことができる。また、食材の発注や従業員のシフト管理は、店長など一部のベテラン従業員の経験や勘に基づき行われることが多い。一方、「ＨＡＮＺＯ」を使えば、属人的な暗黙知に頼ることで生じる判断のムラを小さくすることができる。

赤坂水産㈲（赤坂喜太男社長、愛媛県西予市、事例3）は、マダイやヒラメの養殖を行っている。代表者の息子で取締役を務める竜太郎さんが中心となって、魚粉の含有量が少なく、代わりに白ゴマを配合した飼料で育成するブランド魚「白寿真鯛」を生産している。2022年からは、魚粉を一切使用せずに植物性のたんぱく質のみでつくられた飼料で一定期間育てる「白寿真鯛0《ゼロ》」の販売も始めた。動機の一つは、経費の6割以上を占める飼料価格の高騰である。魚粉に対する需要が中国をはじめ世界中で増大したことが理由だ。もう一つは、水産資源の枯渇への対応である。マダイを1キログラム大きくするためには、約4キログラムのカタクチイワシが飼料の原料として必要になる。生産する重量を上回る資源を消費するやり方に疑問を感じた。

ただ、魚粉量が少ない飼料ほど、魚の食いつきは良くない。これではうまく魚が育たず、食べ残しは海を汚す原因となる。これらを防ぐには、1回当たりの給餌量を減らし、代わりに給餌回数を増やす必要がある。そこで、同社はスマート給餌機を導入した。カメラでいけすの様子を観察したり、海中センサーで魚群の位置を測定したりして、取得した情報からAIが魚の食欲を判定し自動で給餌する。スマートフォンと連携させ、遠隔操作することができるIoT装置だ。

魚粉を多く含む従来の飼料を使っていたときでも、いけすまで１日に何回も船を出して給餌する必要があり、負担は大きかった。回数を増やすような無理が利く状況にはなかったが、ＡＩとＩｏＴの活用によって、労力を削減しつつきめ細かな餌のコントロールが可能になった。もちろん、飼料として使用する魚粉の量を減らすことで、水産資源の不足を緩和することにもつながる。

バリュードライバーズ㈱（佐治祐二郎社長、東京都千代田区、事例４）は、食品の通信販売プラットフォーム「ｔａｂｅｌｏｏｐ《たべるーぷ》」の運営を行っている。ｔａｂｅｌｏｏｐでは、規格外で既存の商流に乗らなかったり、つくりすぎてしまったりした生鮮品や、賞味期限が近くなり小売店の店頭に出せなくなった加工食品や菓子などを扱っている。売り手は、農林水産業者や食品メーカー、卸売業者などで、買い手は飲食店や小売店のほか、食品の加工や調理を行う企業、一般消費者などである。

野菜や魚など自然のものであれば、売り物の量や質にムラが生じるのはやむを得ない。売り手にとって、手間やコストに見合う利益が得られないため、訳あり商品を扱うインセンティブは低かった。同社が多数の売り手と買い手をつなぐシステムをつくり上げたことで、今まで廃棄されていた食品が消費されるようになり、無駄を減らすことができた。

(2) ロボティクス・メカトロニクス

次に、ロボティクス・メカトロニクスの分野の企業を4社紹介しよう。コネクテッドロボティクス㈱(沢登哲也社長、東京都小金井市、事例5)は、飲食店や食品工場で働くロボットを開発している。特定の作業に合わせた専用機で、たこ焼きの調理やソフトクリームの提供、総菜の盛りつけや検品など、対応する分野は多岐にわたる。

導入先が扱う食材の種類はさまざまで、液体や固体、粉体と状態も異なる。店や工場によって調理法や作業内容も違う。同社は企業ごとに多数の実験を重ね、導入するロボットの最適な動作を検討することで、これまで機械に任せるのが難しいと考えられていた工程を自動化している。

飲食店や食品工場での調理工程のなかには、単純でも過酷な作業がある。その負担を理由に従業員が離職するケースも少なくない。厳しい仕事をロボットが代替することで、人手不足の要因を取り除くことができる。また、手作業では人によって技量の差が出るが、機械化された工程では担当者による品質のムラは生じない。

ドリコス㈱(竹康宏社長、東京都文京区、事例6)は、オーダーメードサプリメントサーバーの開発と販売を行っている。年齢や体重、日々の食事内容のほか、サーバーからサプリメントを出す直前に測定する脈拍などからわかる情報などと、痩せたい、筋肉をつけたい、肌をきれいにしたいといったユーザーが設定する目標に合わせて、複数種類の栄養素の配合を最適化したサプリメントを提供できるようにした。自宅に置けるコンパクトな個人用と、主にスポーツジムに設置する大型の法人用がある。

市販のサプリメントの多くは、決まった量で販売されている。加えて、購入者が自分に必要な栄養素の量を把握する術もなかった。そのため、栄養素によっては過剰に摂取したり、不足があったりしても、やむを得ないと考えられてきた。しかし、同社のオーダーメードサプリメントサーバーを利用すれば、最適な量を摂取することが可能になる。また、利用者が設定した目標をクリアすると、サーバーが褒めてくれるという機能がある。自身の体の日々の変化を、記録やサーバーからのコメントで実感することができるため、サプリメントを続けづらいという不満も解消したのである。

㈱マゼックス（嶋田亘克社長、大阪府東大阪市、事例７）は農業用ドローンの製造、販売を行っている。農作物を虫や病気による被害から守るために農薬を散布する、いわゆる防除作業に使われている。主力製品の「飛助《とびすけ》ＤＸ」には、４枚のプロペラのほか、噴霧ノズルや薬剤を入れるタンクがついている。

人が噴霧器を背負って防除するとなれば、1ヘクタール当たり3時間はかかる。機材は10キログラムを超えるうえ、田畑は足元が整っていない。作業は重労働である。一方、ドローンは取り扱いが容易で、10分もあれば1ヘクタールへの散布を終えられる。

人の労力に頼ると、同じ時間をかけても作業者の体力によって散布できる範囲に差が出る。作業が遅くなるほど、途中で天候の悪化により作業計画が狂うリスクも高まる。ドローンであれば、そうした作業のムラをなくすことができる。また、防除という重労働をドローンが代替すれば、高齢になっても農業を続けやすくなる。新規就農のハードルを下げることも期待できるので、農業における担い手不足の解消にもつながる。

デイブレイク㈱（木下昌之社長、東京都品川区、事例8）は、自社で開発した特殊冷凍機「アートロックフリーザー」の販売を行う。マイナス35度以下の冷気により急速冷凍することで、食品の品質を保ったまま長期保存できる。

消費期限の短い食品は、生産の管理が難しい。つくりすぎれば廃棄になる。受注生産としても、需要にはムラがあるだろう。供給側が用意する食材や人員などに過不足が生じることもある。一方、鮮度の期限を延長することができれば、見込み生産に切り替えたり、大量生産して在庫としてストックしたりすることも可能だ。生産性が向上するうえに、食品そのものだけでなく生産コストの無駄もなくせる。

(3) バイオ・ケミカル

最後に、バイオ・ケミカルの分野の４社を紹介しよう。スパイスキューブ㈱（須貝翼社長、大阪府大阪市、事例９）は、植物工場の設計や企業への導入支援を行っている。植物工場は、電気と水で野菜を育てる施設である。同社は照明や室温、二酸化炭素濃度などを制御して、野菜の生育環境をつくる完全人工光型の植物工場を手がける。

装置産業である植物工場は、スケールメリットが働きやすく、資本力がものをいう領域とされてきた。しかし、同社は小規模でも運営できる植物工場を実現させた。資材のコストダウンを図ったり、希少な野菜を栽培したりすることで、約60平方メートルの規模でも採算がとれる。導入先にはオペレーションだけではなく販路の確保も支援する。

同社の植物工場は店舗の一角といった狭いスペースでも設置できる。都心のオフィス街であっても、野菜の生産が可能になった。遠方の産地から無理に運んでくる必要もない。また、投資を少額で抑えられるので、中小企業が多角化の一環として導入するなど担い手の幅も広がった。参入者が増えれば日本の食料自給率の改善につながり、食料不足の懸念が払拭できる。加えて、室内で野菜をつくるので悪天候や虫害などの影響を受けない。自然環境に左右されないので生産量のムラをなくすこともできる。

グリーンカルチャー㈱（金田郷史社長、埼玉県三郷市、事例10）は、植物性の原材料でできたプラントベース食品を開発している。大豆やエンドウ豆などからハンバーグや餃子、酢豚などを再現している。なかでも注目されている製品の一つが、「Green《グリーン》 Meat《ミート》」というミンチ状の植物肉である。見た目も味も本物の肉のようだと好評だ。外部の専門機関に味を分析してもらった結果、牛肉、豚肉、鶏肉の平均に近い数値を示したという。味付け次第でどの肉の代わりとしても使えるのである。

健康や宗教上の理由などで肉や魚を食べない人は、制限がある分、楽しめる料理の幅も狭くなってしまう。プラントベース食品は、そうした人の不満を解消できる。また、肉に比べてカロリーや脂肪、コレステロールが低く、健康に不安を感じている人にとってもメリットが大きい。

㈱アクポニ（濱田健吾社長、神奈川県横浜市、事例11）は、アクアポニックス農場の設計や施工を行う。アクアポニックスとは、野菜の水耕栽培と魚の陸上養殖を同じ場所で同時に行う農法である。栽培と養殖に使用する水を循環させるのが特徴で、魚の排泄物から出る成分を肥料として野菜に吸収させ、浄化した水を魚の水槽に戻す。社長の濱田さんはアクアポニックス発祥の地である米国で施工や生産管理を学んだ後、日本で試験農場を設立し国内向けの資材を開発した。

アクアポニックスには、主に二つのメリットがある。一つは経営効率が良いことである。野菜の栽培と魚の養殖を別々に行うよりも、資源やエネルギーが少なくて済む。例えば、水の使用量は、土耕栽培に比べて８割削減できるという。もう一つは、環境負荷が小さいことである。農薬や化学肥料を使わないので土壌汚染を防げるし、魚の排泄物を含む排水による水質汚染の心配もない。

資源を使い回せるため無駄がなく、拡大しても環境に無理がかかりにくい。水資源が豊富でない地域でも栽培や養殖を可能にする方法であり、アクアポニックスは食料不足への貴重な対抗手段といえる。

日本ハイドロパウテック㈱（熊澤正純社長、新潟県長岡市、事例12）は、米や穀物、野菜、魚や肉などさまざまな食材を独自の技術で分解し、粉末状にした食品原材料を製造している。加水分解を活用した技術だ。一般に塩酸などを使うことが多いが、同社ではそうした化学薬品を使わない。水と熱と圧力を加えて細かくした素材を、乾燥粉砕して粉末にする物理的な方法に、必要に応じて酵素による分解を組み合わせる。この一連の加工によって、素材の性質を変えることができる。専門的には低分子化するというのだが、水に溶けやすくなったり、分解が進みやすくなったりする。

例えば、大豆からみそをつくるのに、普通は数カ月かかるところが、同社の加水分解技術を使えば、わずか1日で済むようになる。加水分解により米粉をつくると、米に含まれているでんぷんが、低分子のデキストリンなどに変化する。これによって、冷えても固くならない米粉パンがつくれる。また、同社の米粉を水に溶かすと粘り気がでて、乳化剤や増粘剤など食品添加物の代わりになる。これを使えば、食品メーカーは原材料に食品添加物ではなく「米粉」と表示できる。

ほかにも、全粉乳の代わりにもち玄米と白インゲン豆の粉末でミルクのような風味を再現し、「ボタニミルクチョコパウダー」をつくった。乳や卵などのアレルゲンも、動物由来の成分も使っておらず、アレルギーや宗教などの理由でミルクチョコレートを食べられなかった人たちに喜ばれている。同社の技術は、化学薬品や添加物に対する不安を取り除きつつ、食の選択肢を広げることで、限られたもので我慢していた人々の不満も解消している。

第5章 課題解決のプロセス

第４章では、事例企業が扱っている技術と、それらがフード業界の主にどの課題の解決に貢献しているのかを示した。では、事例企業はなぜフード業界の課題に気づき、解決に導くことができたのだろうか。本章では、事例企業によるアイデアの発想や事業化のプロセスを分析し、要点を整理していきたい。

(1) 食の課題に向き合うきっかけ

事例企業はいずれも、食についてそれぞれが解決したい課題や実現したいビジョンを明確にもっていた。そうした発想に至る経路は、大きく二つに分けられる。ニーズが起点になるパターンと、シーズが起点になるパターンである。

① ニーズ起点

技術を開発する前に、食に関する悩みに直面するパターンである。自身や身近な人が苦労した原体験があり、当事者としてそれを解決できる技術を探すうちに、結果として事業化することになるようなケースだ。

グリーンカルチャー㈱（事例10）の社長の金田郷史さんは、高校生の頃に動物性の食品を口にしないベジタリアンになった。当時、日本ではベジタリアンやビーガン向けの商品は一般的でなかった。一方、留学で訪れた米国ではスーパーに植物性の原材料でできたプラントベース食品の専用コーナーが設けられているなど、ベジタリアンであっても生活しやすいことに驚いたという。金田さんは、日本に住むベジタリアンやビーガンにもさまざまな食品を楽しんでもらいたいと、プラントベース食品の開発を始めたのである。

㈱CAN EAT（事例1）の社長の田ヶ原絵里さんは、身内が食物アレルギーを発症したことでアレルギーの問題に直面した。外食時に安心して食べられるものを探すのは苦労するし、本人も飲食店や一緒に食事をする人に気を遣わせてしまうことから、大きなストレスを感じていた。そこで、アレルギーがあっても気兼ねなく食事を楽しめるようにするためのツールを開発しようと考えたのである。

赤坂水産㈲（事例3）の取締役である赤坂竜太郎さんが低魚粉の飼料を用いたマダイの養

殖を始めようと考えたきっかけは二つあった。一つは魚粉価格の高騰で、もう一つは魚粉飼料の大量生産による水産資源の枯渇への懸念である。コスト増という自社の経営上の問題と、環境の持続可能性という業界や地球全体が抱える問題に着目し、無魚粉飼料の活用に踏み切った。その結果、ＡＩやＩｏＴの導入に至ったのである。

② シーズ起点

ニーズや用途をみつける前に技術に触れるパターンである。その技術を活用できる分野を探すうちに、フード業界が適していると気づき、参入するようなケースだ。

コネクテッドロボティクス㈱（事例５）の社長の沢登哲也さんは、大学と大学院でロボットやコンピューターサイエンスを学んだ。飲食店での仕事を1年間経験した後、米国の大学発ベンチャーで産業用ロボットを制御するソフトウエアの開発に従事した。独立して同社を設立した沢登さんは、飲食店での経験から、調理工程にある単純で過酷な作業はロボットに任せることができると考えた。食産業の労働環境の改善につながるだけでなく、人手に余力ができれば新メニューの考案や接客などに力を入れることができる。料理やサービスの質が高まれば、食産業の発展にも寄与するはずだと調理ロボットの開発に取り組み始めたのである。

㈱アクポニ（事例11）の社長の濱田健吾さんは、趣味である釣りを通じて、ブラジルで養殖をしているという日本人と出会い、魚を育てている池の水を隣の畑にまくとおいしい野菜ができるという話を聞いた。魚の排泄物が肥料になるというアイデアを初めて耳にした濱田さんは、日本でも活用できないかと調べるなかで、アクアポニックスにたどり着いた。水やエネルギーを節約でき、農薬や化学肥料を使わないので大規模化しても環境への負荷が小さい。今後、持続可能性の高い食料生産や有機食品への需要はさらに高まると考え、商業用のアクアポニックスの設計や施工に参入した。

㈱Ｇｏａｌｓ（事例2）の代表の佐崎傑さんは、前職でさまざまな業界向けのSoftware as a Service（ＳａａＳ）を手がける企業に勤務していた。ＳａａＳとは、ユーザーがソフトウエアを自身の端末にインストールすることなく、インターネット経由で利用できるサービスである。ＳａａＳの分野で自身も創業することを決めた際に、ターゲットにしたのが飲食業界だった。原材料費や人件費にかかるコストの割合が比較的高い産業で、改善の余地が大きいと考えたからである。そうして開発したのが、飲食店向けの業務支援クラウドサービス「ＨＡＮＺＯ」シリーズであった。

（２）事業化に導く発想

技術を用いて課題を解決に導くことになるわけだが、技術さえあれば万事うまくいくわけではない。イノベーションを成功させるためには、あと何が必要なのか。領域は広く、課題もまちまちであるため、すべての事例に共通するような絶対条件ではないが、中小企業がクロステックに取り組む際の教訓を帰納法的に抽出してみよう。うまくいかない場合は、以下のポイントを取り入れられないか、試してみるとよいだろう。

①チューニングの発想

畑違いの分野から技術を持ち込むことも多く、そのまま使おうとしてもなかなかうまくいかない。対象とする業界や領域に合わせてうまく調整、つまりチューニングすることが重要である。最初から大がかりな装置とせず、コアとなる部分に注力するなど、メリハリをつけることも必要になる。試行錯誤が求められるプロセスだが、だからこそ、そこにオリジナリティや強みが生まれる。

スパイスキューブ㈱（事例９）は、植物工場の導入支援を行っている。植物工場は装置産業として、スケールメリットを生かすのが一般的だ。初期投資がかさむことから運営は大企業が中心で、設置場所は家賃や地代の低い郊外が選ばれることが多かった。しかし、人手や販売先の確保を考えれば都市部の方が有利である。さらに、資本力の小さな中小企業が参入できれば担い手の幅は大きく広がる。そこで、社長の須貝翼さんは植物工場の小規模化に取り組んだのである。必要最低限の資材で、規模に応じて柔軟に設計できる植物工場をつくり上げた。

㈱マゼックス（事例7）は、農業用のドローンの製造販売を行っている。日本の農地は小規模な田畑が多く、中山間地域にも広がっている。この二つの特徴に着目した同社は、小さな田畑を複数所有する農家をターゲットにドローンを設計した。機体をコンパクトにして、バッテリーや農薬を入れるタンクの容量を最適化した。また、周囲に林があったり、農地に起伏があったりする日本の中山間地域では、安全に飛行するために考慮しなければならないことが多い。そのため、自動運転より、人の目で確認しながら操縦した方が適しているのだ。そこで同社は、真っすぐ飛ぶための進路補正や風で体勢が崩れたときに立て直す姿勢制御など、墜落を防止するための最低限の機能に自動化の領域を絞り、操縦は基本的に人の手で行うよう設計した。これらの取り組みはドローンの低価格化にもつながり、小規模農家にも導入しやすくなった。

㈱Ｇｏａｌｓが運営する飲食店向けの業務支援クラウドサービスの一つ、「ＨＡＮＺＯ自動発注」は、曜日や天候などから需要を予測し、適正な量の食材を自動で発注してくれる。実はこのシステムの開発に当たって難しかったのは、需要の予測よりも在庫の予測の方だった。料理をつくるのに使う食材の量は毎回多少異なるし、料理人がミスをして余分に使うこともある。提供済みの料理や数から算出したデータ上の在庫と実際の在庫の量が合わないのだ。そこで、開発メンバーが自ら飲食店の店舗で在庫の棚卸しを行い、理論上の在庫と実際の在庫が合わない要因を一つ一つ分析し、システムを改善していったのである。

②プラスアルファの発想

既存の製品やサービスを補完あるいは代替をするだけでは、どこまでいっても本家の「劣化版」としかみてもらえない。そうではなく、技術を活用して味や栄養素をデザインした新しい高機能食材を開発するというようなスタンスで臨んでいる企業も少なからずあった。機能を拡張し、本家を超えるプラスアルファの価値を生み出す発想が、業界に変革をもたらすのであろう。

プラントベース食品の製造販売を行うグリーンカルチャー㈱は、大手食品メーカーなどと提携し、味や食感の改善に取り組んできた。脂肪分が少ないからとか、肉類が食べられないからといった消極的な理由だけではなく、おいしいからとか、栄養バランスが良いからといった積極的な理由で選んでもらえる植物肉を目指している。

コネクテッドロボティクス㈱が開発した調理ロボットを導入する飲食店や食品工場では、過酷な労働を機械が代替することから、従業員の働きやすさにつながっている。加えて、集客効果もある。同社は、人の目に触れる場所に設置する飲食店向けのロボットを開発する際は、来店客が見て楽しめるようなエンターテインメント性を盛り込むよう意識している。例えば、ソフトクリームロボットなら動物などのデザインを施し、顧客に手渡す際にはコミカルな声を出す機能を加えた。こうした工夫が、導入先の業績向上に貢献しているのである。

日本ハイドロパウテック㈱（事例12）は、独自の加水分解技術による粉末状の食品原材料の開発を行っている。既存の食材や添加物の単なる代替品ではなく、さまざまな機能を付加した製品をつくっている。例えば、ミルクチョコレートの粉末に似せた「ボタニミルクチョコパウダー」には、三つの特長がある。一つは、熱に強いこと。だから暑い日でも溶けにくいチョコレートがつくれる。もう一つは、水に溶けやすいこと。だから冷たい牛乳や水に溶かして飲むような使い方ができる。最後は、アレルゲンフリーであることである。商品名にはミルクとあるが、もち玄米と白インゲン豆の粉末を組み合わせて、ミルクの風味を再現している。だからアレルギーがあり今まで我慢していた人でも食べられるようになる。

③ 適材適所の発想

技術を用いるうえで重要なのは、自社の強みを生かすことである。ただし、経営資源の乏しい中小企業においては、自社だけでは解決に導くことが難しいこともある。その場合は、足りない要素は他社を巻き込み、外部と連携して補うことが有効である。

㈱ＣＡＮ ＥＡＴは、外食産業向けに、スマートフォンのカメラを利用したアレルギー事故防止サービスを運営している。社長の田ヶ原さんは印刷会社に勤務していた際、光学文字認識技術を使った家計簿のアプリケーションの開発に携わっていた。その経験から、アレルギー問題へのアプローチとしてＩＴを活用することを思いついた。サービスの開発に当たっては、自身のほかは業務委託のかたちでエンジニアや営業企画を集めて10人規模のプロジェクトチームを結成した。また、アレルギーの知識については専門家の力を借りている。ＡＩが原材料ラベルの画像からアレルゲンを自動判定した後にダブルチェックをしてもらうことで、正しい情報を提供しているのである。

バリュードライバーズ㈱（事例４）は、規格外やつくりすぎといった訳あり食品を流通させるプラットフォーム「ｔａｂｅｌｏｏｐ」を運営している。取り扱う食品のなかには、生鮮品など消費期限が短いものがある。そこで同社は、漁師など1次産業者が生鮮品を手軽に加工ビジネスに参入できるシステム「たべるーぷファクトリー」を考案した。産地の近くの食品加工工場と1次産業者をつなぎ、廃棄していた魚などを加工できるようにする仕組みだ。現在、三重県で稼働している。このほか、生産者と消費者をつなぐ取り組みとして、農協や大手不動産会社と連携して産地から直接マンションに配送し、共用部で販売する「たべるーぷマルシェ」というイベントも開催している。

赤坂水産㈲は、スマート給餌機を導入し、魚粉を一切含まない飼料で一定期間育てたマダイ「白寿真鯛０」を養殖している。生産性を高めるには設備の大規模化が有効だが、個々の事業者では難しい。そこで同社は、近隣同業者2社と合弁会社を立ち上げて事業規模を拡大し、ＩｏＴやＡＩの導入効果を高めている。さらに、メーカーと飼料の改良に取り組んだり、販売先と冷凍加工品を開発したりとサプライチェーンを巻き込んだ垂直連携も進め、生産性を高めている。

④ビジネスモデルの発想

新たなシステムや装置を開発しただけでは、収益にはつながらない。技術をいかにビジネスとして実装するかという構想力が必要である。再現性のある収益化のスキームをつくれば、他社に横展開してさらに発展させることもできる。

植物工場を運営するスパイスキューブ㈱は、飲食店などプロが欲しがる希少な野菜を選定し、育てることにした。競合する生産者の少ない野菜を、バイヤーではなく飲食店に直接販売することで高付加価値化を図った。小規模ゆえに、飲食店が集まる都市部にも立地しやすいことを生かしたのである。導入先の販路開拓に当たっては、同社が一緒になって飲食店に営業をかける。販路の開拓が難航した場合は、社長の須貝さんが経営する別法人デリファーム㈱が野菜を買い取り、その取引先の飲食店に販売する。販売ルートを確保することで、参入間もない小規模な植物工場であっても採算がとれるビジネスモデルを確立したのである。

デイブレイク㈱（事例８）は、特殊冷凍機の販売のほかに二つの事業を行っている。一つは、特殊冷凍に関するコンサルティングである。最適な冷凍や解凍の方法は、食品によって異なる。そこで、「デイブレイクファミリー会」という導入先同士のコミュニティを立ち上げ、同社の従業員も加わり一緒に特殊冷凍機の活用方法を研究したり、事例を共有したりしている。会員間で商談会を行うこともある。もう一つは、冷凍食品の流通支援である。ファミリー会の会員企業と共同で冷凍食品を開発し、「アートロックフード」としてブランドを展開している。導入先では冷凍機が常に稼働しているわけではないので、遊休時間にＯＥＭでアートロックフードを生産してもらうのだ。同社は導入先と互いに生産性を高めることのできる関係を構築したのである。

⑤　全体最適の発想

ある課題を解決する際には、別のところで新たな課題を生み出さないよう留意する必要がある。例えば、農業で農薬を用いれば生産性を高められる一方、消費者の健康を損なうリスクがある。食品の種類を増やせば多様なニーズに応えられる一方、つくりすぎると廃棄ロスが出てしまう。成果を得るうえでの副作用を抑えたり、すでに発生している副産物を生かしたり、無駄になっているエネルギーを生産システムに組み込んだりといった全体最適の発想が、事業の持続可能性を高める。

ドリコス㈱（事例６）は、オーダーメードサプリメントサーバーの販売を行っている。栄養バランスが完璧な食事を毎日取るのは難しい。それを補うのがサプリメントである。しかし、従来のサプリメントは年齢や体格、体調などを考慮せず、一定量を摂取することになっているので、人によって足りなかったり、取りすぎたりする可能性がある。かといって、毎日わざわざ利用者が自ら体調を調べ、必要な栄養素の量を計算していたのでは手間がかかりすぎて長続きしない。その点、同社のサプリメントサーバーは、生体センサーで体調を調べ、専用のアプリケーションに記録した日々の食事情報などと合わせて分析し、個人に必要な栄養素の組み合わせや摂取量を計算し、提供してくれる。

日本ハイドロパウテック㈱の加水分解技術を用いれば、これまで廃棄していた副産物を有効活用できる。例えば、精米時に発生する米ぬかは、豊富な栄養素を含んでいるが、そのままでは食べられない。大規模に精米加工を行うある企業は、同社の技術を用いて米ぬかを分解し、水に溶かして飲める粉末にすることで、新製品を開発した。現在、同社は海産物を加工する際に発生する残渣《ざんさ》を食用として活用するための研究を進めている。

赤坂水産㈲が白寿真鯛0の開発に取り組んだ背景に水産資源の問題があることは、先に述べたとおりである。養殖の飼料に使われる魚粉の多くは、天然のカタクチイワシなどからつくられる。取締役の赤坂竜太郎さんによれば、一般にマダイを1キログラム大きくするのに、約4キログラムのカタクチイワシが必要になるという。水産資源を維持するために天然資源を大量に使用している養殖の現状を打破しようと、低魚粉飼料による養殖を始めたのである。水産資源に配慮して育てられた同社のマダイは、環境に対する意識の高い国や地域でも注目され、米国では普通のマダイの約3倍の価格で取引されている。

㈱アクポニが導入支援を行っているアクアポニックスは、魚の陸上養殖で出る排泄物を野菜の肥料として活用することで、環境への負荷を抑えることができる。野菜の水耕栽培と魚の養殖をつなぎ、エコシステムとして成立させた、食料生産の最適解の一つといえる。近年、SDGsの注目が高まるなか、鉄道会社や百貨店など農業にはかかわっていなかった企業が、本業との相乗効果やCSR、企業ブランディングなどをねらってこの仕組みを導入するケースが増えているそうだ。

第6章　フードテックがもたらす便益

第5章では、事例企業がフード業界の課題を発見したきっかけや事業化のための発想をみてきた。いずれの企業もフード業界ならではの特性や課題をしっかり分析し、工夫を凝らして技術を活用したからこそ、解決に成功した。難題である三つの「む」と三つの「不」を解決することは、売り上げの増加といった事例企業自体の成長につながることは言うまでもないが、われわれの生活や社会全体にとってもメリットがある。本章では、個人、産業、社会の三つの階層においてフードテックがもたらす便益を整理しよう。

（1）個人にもたらす便益

①利便性の向上

一つ目は、利便性の向上である。食事を準備するには時間や手間がかかる。これまでも、電子レンジやIHクッキングヒーターといった調理家電、インスタント食品などの進歩により、調理の時間短縮や品質向上が図られてきた。フードテックによって、こうした利便性は飛躍的に高まっている。

デイブレイク㈱（事例8）が開発する特殊冷凍機、「アートロックフリーザー」は、すしや天ぷら、ケーキなど、普通ならば一度冷凍すると味や食感が変わってしまうような食品でも、出来たての品質を保持して冷凍できる。これにより、消費者は自宅でいつでも、飲食店のプロがつくる出来たての料理を楽しむことが可能になった。

外食産業向けに食物アレルギーによる事故を防止するサービスを提供する㈱CAN EAT

（事例1）は、ＩＴの力を利用し、食事の提供者と消費者の間にある情報の非対称性を解消し、提供ミスによる誤飲食のリスクを大幅に軽減した。これによって、アレルギーがある人でも気兼ねなく外食を楽しむことができるようになった。

② 豊かさの実現

二つ目は、豊かさの実現である。近年、単に食欲を満たすだけでなく、写真映えするとか、多様なメニューから選ぶ楽しさがあるとか、社会貢献に資するといった付加的な価値が重視されるようになってきている。また、健康や体質、宗教などの事情で口にすることができない食材がある場合、以前は食べるのを我慢するしかなかった。しかし今は、異なる素材でつくった代替品が次々に登場しており、我慢を強いられる場面は減っている。しかも、それらのなかには、元の食材よりも栄養素や味を向上させたものもある。

グリーンカルチャー㈱（事例10）が手がける植物性の原材料でできたプラントベース食品であれば、動物性の食品を食べないビーガンの人であっても、植物性の餃子や酢豚、チャーシューなどを食事のレパートリーに入れることができる。信条を守りつつ、選択肢が広がれば食事の満足度は高まるだろう。

バリュードライバーズ㈱（事例４）が運営するＥＣサイト「ｔａｂｅｌｏｏｐ」で扱われる食品は、規格外であったり、賞味期限間近であったり、つくりすぎてしまったりする訳あり商品である。消費者は、本来ならば廃棄されてしまう商品を購入することで、廃棄ロスの削減に貢献できる。

③ 健康の維持・増進

三つ目は、健康の維持・増進である。生活の基本となる衣食住のうちの一つである「食」は、Quality Of Life（ＱＯＬ）を高めるうえでも重要な要素である。その質を高めることは、健康の維持・増進につながる。

グリーンカルチャー㈱の開発した「Ｇｒｅｅｎ Ｍｅａｔ」は、科学的な分析により味や食感を本物の肉に近づけた植物肉である。肉類を食べる際、脂肪やコレステロールの取りすぎを心配する人は少なくないだろう。Ｇｒｅｅｎ Ｍｅａｔは、そうした人たちの舌を十分満足させつつ、栄養素のバランスを整えることを実現している。

ドリコス㈱（事例６）が開発したオーダーメードサプリメントサーバーは、年齢や体重、性別、日々の食事内容などから、利用者にとって最適なサプリメントを配合する。食事だけで取るのが難しい栄養素を可視化し、過不足なく補ってくれるのである。

(2) 産業にもたらす便益

① 生産性の向上

産業にもたらす便益の一つ目は、生産性の向上である。先述のとおりフード業界の生産性は高いとはいえない。新たな技術の導入で業務効率を上げたり、生産物の付加価値を高めたりすることで、生産性を向上できる。

㈱Goals（事例2）の飲食店向け業務支援クラウドサービス「HANZO」の需要予測を利用すれば、受注管理や人材配置を最適化することができる。経費のうち原材料費や人件費が大きな割合を占める飲食店では、それらを削減できれば経営効率を高められる。

農林水産業者や食品メーカーは、バリュードライバーズ㈱が運営するtabeloopを利用すれば、今まで販売できずに廃棄していた訳あり商品を販売することができる。これによって廃棄コストの削減と収益の拡大を同時に図ることができる。

コネクテッドロボティクス㈱（事例5）は、飲食店や食品工場用のロボットの開発を行っている。調理工程における単純作業をロボットに任せることで、働く人に余力が生じる。その分、新メニューの考案や顧客とのコミュニケーションといった、創造性や独自性が求められる業務に注力できる。作業のオペレーションを効率化しながら、料理やサービスの質の向上が実現できる。

② 成長領域の創出

二つ目は、成長領域の創出である。これまでなかった技術が登場すると、それによって新たな商品やサービスの開発につながり、新たな市場が生まれる。場合によっては、他業界のプレイヤーにとっても、事業機会になり得る。

デイブレイク㈱の特殊冷凍機を導入したウナギ店は、テイクアウト専門店を新たに出した。狭い店舗に特殊冷凍したウナギ料理と蒸し器を用意するだけで、本店で出すものと同じふっくらしたウナギを提供できる。また、冷凍食品だけを扱う飲食店を出した水産卸業者もある。職人が握ったすしを特殊冷凍しておき、注文が入るとそれを解凍するというビジネスモデルである。これにより、低コストかつ短時間で料理を提供することが可能になった。

スパイスキューブ㈱（事例９）は、植物工場の事業化を支援している。一般にスケールメリットが働きやすいと考えられている植物工場だが、同社は資材のコストダウンや販路の確保をすることで小規模化を図った。これによって都市部の物件への設置を可能にし、参入の裾野を中小企業にまで拡大することができた。不動産業者が空き店舗を利用して運営するなど、幅広い業種の企業が多角化の一環として植物工場に参入することもできるようになった。

③ 事業の持続可能性の向上

三つ目は、事業の持続可能性の向上である。担い手の確保は、フード業界における喫緊の課題といえる。今後、高齢化と人口減少が進めば、その課題は一層深刻化する懸念がある。業界に内在する無理、無駄、ムラを解消し、持続可能性を高めようとしているのがフードテックである。

フード業界の人手不足の要因の一つに、厨房での立ち仕事など業務の厳しさがある。コネクテッドロボティクス㈱の調理ロボットは、そうした過酷な作業を代替することで食産業の労働環境の改善に寄与し、人手不足の根本を解決しようとしている。多様な働き手が流入すれば、事業の発展にもつながるはずである。

農作物を虫や病気の被害から守る防除作業を人力で行おうとすると、10キログラムを超える噴霧器を背負って、足元の整っていない田畑を移動しなければならない。㈱マゼックス（事例7）は、農業用ドローンの製造販売を通じて、重労働である防除作業の負担から人を解放した。高齢化で体力が落ちた農家も作付面積を維持し続けることができる。

（3）社会にもたらす便益

①食の安全保障の確立

社会にもたらす便益の一つ目は、食の安全保障の確立である。気候変動による生産の減少、国際関係の悪化による輸入の途絶などから、十分な食料を適切な価格で入手できなくなる可能性がある。不測の事態に備えた食料の安定供給にも、フードテックは大きく寄与する。

スパイスキューブ㈱が設計や事業化の支援を行っている完全人工光型の植物工場は、自然環境に左右されることなく、野菜を通年で生産できる。さらに、小規模化を果たしたことで、立地の制約や資本力の多寡による参入障壁も低くなった。農業の不確実性を解消し、都市部の生産者というこれまでにない担い手の層が厚みを増せば、食料自給率の改善につながるはずである。

同じく、㈱アクポニ（事例11）も食料生産の増加に貢献している。アクアポニックスでは野菜の水耕栽培と魚の陸上養殖を同じ場所で同時に行うので、経営効率が良い。魚が泳いでいる様子を見て楽しめることから、飲食店や鉄道会社、百貨店などが本業との相乗効果をねらって導入するケースも多い。また、赤坂水産㈲（事例３）は、スマート給餌機を導入し、給餌のタイミングを適切に管理し、効率的に魚を育成している。さらに、同業者と協業し、技術を共有しながら規模を拡大することで、養殖業界全体の生産性を高めようとしている。

以上の３社は、新たに食材を生み出し食の安全保障に貢献しているといえよう。一方、廃棄ロスを削減するというアプローチをとる事例企業もあった。規格外など訳あり商品の流通プラットフォームｔａｂｅｌｏｏｐを運営するバリュードライバーズ㈱は、生産者と消費者をつなぐのはもちろん、廃棄ロスの問題について社会に関心をもってもらうため、自ら実店舗を出したり、農協や不動産会社と協力して販売イベントを開催したりもしている。

日本ハイドロパウテック㈱（事例12）の加水分解技術を用いれば、これまで廃棄していた食材を原料に新製品を生み出すことも可能だ。第５章で紹介したように、ある精米加工会社は、精米時に発生する米ぬかを同社の技術を使って粉末化し、水に溶かして飲むタイプの新製品を開発した。同社はほかの企業や大学とも連携し、カンパチやエビなどの加工の際に生じる副産物や残渣も有効活用できるよう研究を進めている。

② 新たな食文化の形成

二つ目は、新たな食文化の形成である。テクノロジーの進歩によって開発された新商品や新事業が消費者に広く浸透するうちに、食文化と呼べるようなジャンルやカテゴリーが生まれることがある。

グリーンカルチャー㈱は、大手食品メーカーなどと提携して、プラントベース食品の味や食感の改善に取り組んできた。ベジタリアンやビーガン、宗教上の理由などで肉を食べられない人だけではなく、健康や畜産による環境負荷を意識する人の食生活にも取り入れられている。同社のつくる植物肉は、牛肉や豚肉、鶏肉などに並ぶカテゴリーの一つとして浸透しつつある。

特殊冷凍機の製造販売を行うデイブレイク㈱は、導入先企業と冷凍食品を共同開発し、特殊冷凍食材「アートロックフード」というブランドを展開している。これにより、従来は鮮度の維持が難しかった生鮮食品や、一流レストランの出来たての料理などを、自宅で楽しめるようになった。これを提供する飲食店も登場している。従来の冷食の枠に収まらない、進化系の冷食ともいうべき新たなカテゴリーが形成されようとしている。

③ 環境の持続可能性の向上

最後は、環境の持続可能性の向上である。言わずもがな、フード業界は環境と密接に関係している。土壌や海洋の汚染、温室効果ガスの排出による地球温暖化などの問題を引き起こす側であると同時に、それらの影響を直接受ける側でもある。事例企業の取り組みのなかには、地球の環境維持に貢献するものもみられた。

日本ハイドロパウテック㈱は、農地の持続可能性を高めるため、食品以外の分野にも加水分解技術を生かしている。農産物の生産で発生する茎葉や殻などの副産物は、そのまま農地に廃棄されることが多いという。これでは分解されるのに時間がかかるため、雑菌が繁殖し、土壌に悪影響を及ぼしかねない。一方、同社の技術で副産物を加水分解してから土壌に戻せば、土の中で分解される時間を短縮できる。加えて、加水分解の工程で殺菌できるため、土壌の改良につながると期待されている。

魚粉を一切含まない飼料で一定期間育てた「白寿真鯛０」を生産する赤坂水産㈲は、食べる魚を増やすために、それ以上にほかの魚を減らす養殖の仕方に疑問を感じていた。先述のとおり、一般的な養殖でマダイを1キログラム大きくするためには、魚粉飼料の原料として約4キログラムのカタクチイワシが必要になるからだ。同社は、水産資源の持続可能性の向

表-２　三つの階層における三つの便益

	①ネガティブから ニュートラルへ	②ニュートラルから ポジティブへ	③ポジティブを 持続可能に
(１) 個　人	利便性の向上	豊かさの実現	健康の維持・増進
(２) 産　業	生産性の向上	成長領域の創出	事業の持続可能性の向上
(３) 社　会	食の安全保障の確立	新たな食文化の形成	環境の持続可能性の向上

資料：筆者作成

上に真正面から取り組んだのである。

㈱アクポニが提供するアクアポニックスは、「小さな地球」ともいわれている。動物の老廃物から発生したアンモニアを微生物が硝酸に分解し、それらを植物が吸収し、育った植物を動物が食べるという窒素循環の一部を再現しているからだ。一般に、農業や養殖を拡大すると、農薬や化学肥料による土壌汚染や魚の排泄物による水質汚染のリスクが高まる。しかし、アクアポニックスならその心配はない。さらに、社長の濱田さんは、アクアポニックスには食料残渣を魚の餌にしたり、工場の排熱をエネルギーに活用したりと、水やエネルギー資源の持続可能性の向上に貢献する余地がまだあると意気込んでいる。

表-２のとおり、ここまで、(１) 個人～ (３) 社会の階層ごとに、①～③と三つの便益を挙げた。それぞれの番号には、縦串を刺すような共通のイメージをもたせている。①はネガティブな状況をニュートラルに近づけるようなタイプの便益、②はニュートラルに近い状況からポジティブな要素を付加するタイプの便益、③はポジティブな状況を持続させるタイプの便益である。

第7章 クロステックにおける中小企業の可能性

第6章では、フードテックがもたらす便益について、個人、産業、社会の階層ごとに整理した。事例企業が行う先進的な取り組みは、われわれの生活、フード業界、そして未来の地球に大きな恩恵を与えるはずである。

繰り返しになるが、今回取材した12社は、経営資源の潤沢な大企業ではなく、中小企業である。もっといえば、大半は従業者数20人に満たない、小さな企業だった。技術やアイデアの発想に規模の大小は関係ないとはいえ、第3章でまとめたフード業界が抱える三つの「む」と三つの「不」のような、解決が困難な課題に立ち向かうのは、普通なら尻込みしてしまってもおかしくないだろう。

では、なぜ事例企業は一歩を踏み出せたのか。取材を通じて感じたポイントは二つある。

一つは、困り事を当たり前に思わない姿勢である。一度着目した問題に対し、困難であっても解決に向けて取り組んでいた。

植物工場を手がけるスパイスキューブ㈱（事例９）の社長である須貝さんには、創業前に勤務先の新規事業として植物工場に取り組んで挫折した経験があった。それでも諦めることなく、起業塾や大学で学び直し、反省点を克服するかたちで事業を起こした。「植物工場の運営で、自分と同じような失敗をほかの人にしてほしくない」。その気持ちを原動力に、採算をとるのが困難だと思われていた小規模な植物工場の運営を成功させた。

需要予測に基づく自動発注システムや人員配置システムを構築した㈱Ｇｏａｌｓ（事例２）の代表の佐崎さんは、食材原価と人件費がそれぞれ３割ずつを占めるという飲食店の経費構造の常識に着目した。同社がもつＩＴ技術を活用すれば、飲食業界の生産性を向上させられると考えたが、ふたを開けてみると、需要予測に必要な在庫の把握が思ったようにはうまくできなかった。開発チーム総出で飲食店の現場で在庫の棚卸しを実際に行い、技術的な課題を一つ一つ地道に洗い出すことで、最終的にシステムを完成させた。

業界の常識を当たり前だと受け流すことなく、果敢に挑戦を続けたからこそ、解決の道筋を見いだせたのである。

もう一つは、中小企業の強みを生かしていることである。新たな技術を用いただけでは、クロステックがうまくいくとは限らない。課題とテクノロジー、それらに加え、第5章で示したような成功に導くための数々の発想が必要になる。少なくとも本書で挙げた五つの発想には、中小企業ならではの強みが生かされている。

試行錯誤が求められるチューニングの発想や別の課題にも目を向ける全体最適の発想は、すぐに収益につながらないかもしれない。小規模であるがゆえに、初めから大きな利益がなくても経営が成り立つ中小企業だからこそ、長い目でみて取り組むことができた側面はあるのではないだろうか。また、大企業であれば資本力を生かして価格競争で既存市場を獲得するという考えもあるが、中小企業であれば難しい。逆に、市場は狭くなったとしても他社が取り組まないことにチャレンジするからこそ、プラスアルファの発想も生まれるのである。経営資源が限られているからこそ、外部と連携するという選択もとりやすい。それが適材適所の発想やビジネスモデルの発想につながっている。

第1章で述べたように、フード業界は、どちらかといえば構造的に課題を抱えた厳しい業界だった。それがテクノロジーと結びつくことでフードテックという新たなフロンティアに変わり、経済成長の起爆剤として期待が集まるようになった。ここで強調したいのは、単純な技術開発の話ではないという点である。事例企業をみればわかるように、新たな技術の導入が、業種や業態の垣根を崩し、ビジネスモデル自体の変化の触媒となり、成長へのダイナミズムにつながっている。

もっとも、この構図は、フード業界に限ったものではない。建設業界や運送業界、介護業界など、構造的な課題を抱える業界は少なくない。その業界特有の課題を抽出し、その課題にテクノロジーをぶつけることで解決の糸口を探り、ビジネスモデルを革新する。こうした一連のプロセスは、停滞を打破するうえで、他の業界の参考にもなるはずだ。

向き合う目標のスケールは大きいが、取り組みは身近なものも多い。問題から目をそらさず、中小企業の強みと技術をかけ合わせる。本書の分析から得られた成功の教訓が、さまざまな分野のクロステックで活用されることを願っている。

〈参考文献〉

大浦裕二・佐藤和憲（2021）『フードビジネス論「食と農」の最前線を学ぶ』ミネルヴァ書房
環境省（2023）『令和5年版環境白書・循環型社会白書・生物多様性白書』日経印刷
田中宏隆・岡田亜希子・瀬川明秀著、外村仁監修（2020）『フードテック革命 世界700兆円の新産業「食」の進化と再定義』日経BP
農林水産省（2019）「2050年における世界の食料需給見通し」
――――（2023）「フードテックをめぐる状況」
早瀬健彦（2021）「フードテックをめぐる動向～官民連携による新市場の創出～」シーエムシー出版編集部編『フードテックの最新動向』シーエムシー出版、pp.3-11

第Ⅱ部

事例編

日本政策金融公庫総合研究所

主任研究員　笠原　千尋
山崎　敦史
篠崎　和也
研　究　員　西山　聡志
青野　一輝
中野　雅貴
池上　晃太郎
真瀬　祥太

3	2	1	事例番号		
赤坂水産㈲	㈱ Goals	㈱ CAN EAT	企業名		
マダイ、ヒラメの養殖	外食向け業務支援クラウドサービスの開発	アレルギー事故防止ITサービスの開発、運営	事業内容		
IT・デジタル	IT・デジタル	IT・デジタル	技術分野		
1953年	2018年	2019年	創業年		
500万円	9,000万円	2,538万円	資本金		
14人	81人	2人	従業者数		
愛媛県西予市	東京都港区	東京都新宿区	所在地		
IoT給餌機の導入	需要予測	画像認識、アレルギー情報管理	技術の内容		
労力を削減しつつきめ細かな餌のコントロールが可能になった	熟練者しかできない仕入れ業務の自動化	食事制限のある人の食の幅を広げる	無理	三つの「む」	課題への対処
魚粉をつくるための水産資源の大量使用を抑制	余剰仕入れの削減	食べられないものを提供しないで済む	無駄		
魚粉価格の高騰によるコスト変動を抑制	従業員の習熟度を問わない発注精度	従業員の知識やコミュニケーション能力に依存しない	ムラ		
いけすまで1日に何往復も船を出す負担から従業員を解放		外食で楽しめる料理のバリュエーションが広がる	不満	三つの「不」	
飼料に使う魚粉の量を減らすことで、水産資源の消費を抑制	人員配置の適正化		不足		
		アレルギーによる誤食事故を防止	不安		
安定した価格で養殖魚を購入できる		アレルギーがあっても気兼ねなく外食を楽しめる	個人	便益	
無魚粉化することで飼料価格の変動に左右されない経営	受注管理や人材配置の最適化	正確なアレルギー対応による集客力の向上	産業		
食料生産の増加、水産資源の維持に貢献	需要に見合う発注による廃棄ロスの削減	食事制限のある人の食生活が豊かに	社会		

事例番号			6	5	4
企業名			ドリコス㈱	コネクテッド ロボティクス㈱	バリュードライバーズ㈱
事業内容			オーダーメードサプリメントサーバーの開発	食産業向けロボットの開発	tabeloopの運営
分野			ロボティクス・ メカトロニクス	ロボティクス・ メカトロニクス	IT・デジタル
創業年			2012年	2011年	2010年
資本金			2億4,976万円	1億円	400万円
従業者数			19人	42人	非公開
所在地			東京都文京区	東京都小金井市	東京都千代田区
技術の内容			オーダーメードサプリメントサーバー	調理ロボット	フードシェアリングプラットフォーム
課題への対処	三つの「む」	無理	その人に最適な栄養素を配合する	人にしかできないと思われてきた作業を代替	
		無駄			規格外、賞味期限間近などによる廃棄を削減
		ムラ	市販のサプリメントとは異なり、栄養の過不足が生じない	品質のばらつきがなくなる	質や量にばらつきがある訳あり商品の売買を促進
	三つの「不」	不満	ゲーム感覚で続けやすい	単純で過酷な作業をロボットに任せる	生産者やメーカーの廃棄の負担を軽減し収益機会を提供
		不足	食事で取れない栄養を補える	人手不足の緩和	従来廃棄せざるを得なかった食品を取引できる場を用意
		不安			直接取引ができることによりトレーサビリティを確保
便益		個人	一人一人の栄養を可視化し、過不足なく補う		消費者として廃棄ロスの削減に貢献できる
		産業		業務効率化。創造性や独自性が求められる業務に注力できる	廃棄される食品に流通のチャンスを与える
		社会	ヘルスデータからパーソナライズするノウハウを別の分野で活用	食産業の職場改善	廃棄ロスの削減

9	8	7	事例番号		
スパイスキューブ㈱	デイブレイク㈱	㈱マゼックス	企業名		
植物工場の事業化支援、農業装置設計開発	特殊冷凍ソリューション事業	産業用ドローンの製造販売	事業内容		
バイオ・ケミカル	ロボティクス・メカトロニクス	ロボティクス・メカトロニクス	技術分野		
2018年	2013年	2009年	創業年		
100万円	8,400万円	1,000万円	資本金		
5人	33人	18人	従業者数		
大阪府大阪市	東京都品川区	大阪府東大阪市	所在地		
植物工場	特殊急速冷凍技術	農薬散布ドローン	技術の内容		
耕作地のない都会で生産可能	食材の品質を維持し長保存や輸送が可能。食品や食感を保持	農薬を散布する作業時間の短縮	無　理	三つの「む」	課題への対処
雑菌が少なく、野菜が傷みにくいため長持ちする	フードロスを削減。冷凍機の遊休時間を利用し冷凍食品を開発		無　駄		
季節や天候に左右されない	つくりおきや見込み生産で需要のムラに対応	天候変化により作業計画が狂うリスクを抑えられる	ム　ラ		
価格が変動しにくい	オペレーションの見直しや計画生産の導入により労働環境を改善	農作業の重労働からの解放	不　満	三つの「不」	
食料不足を緩和	料理人や繁忙期の人手不足を緩和	体力のある担い手の不足に対応	不　足		
農薬を利用せずに野菜の生産が可能			不　安		
従業員の負担軽減、価格の安定。農薬の心配が不要	現地に行かずとも、どこでも名店の味を楽しめる		個　人	便益	
中小企業や異業種など、植物工場の参入の裾野を広げた	特殊冷凍技術を活用した新たなビジネスモデルの創出	農薬散布の時間短縮による生産性向上	産　業		
食料自給率の改善	従来の冷食に収まらない、新たな冷食の創出	農業の職場改善、高齢化への対応	社　会		

事例番号			12	11	10
企業名			日本ハイドロパウテック㈱	㈱アクポニ	グリーンカルチャー㈱
事業内容			加水分解処理食品の製造・販売等	アクアポニックス農場の設計・施工、生産指導	プラントベース食品の開発、製造販売
分　野			バイオ・ケミカル	バイオ・ケミカル	バイオ・ケミカル
創業年			2014年	2014年	2011年
資本金			1億円	300万円	1億円
従業者数			16人	4人	10人
所在地			新潟県長岡市	神奈川県横浜市	埼玉県三郷市
技術の内容			食品等の粉末化	アクアポニックス	植物肉
課題への対処	三つの「む」	無　理	少ない工程、短い時間で製造可能	農場の規模を大きくしても環境への負荷が小さい	
		無　駄	廃棄していた残渣を食品に。粉末化し長期保存が可能。運搬も容易	肥料や水などを節約できるため、生産にかかる資源効率が高い	
		ム　ラ	製造ラインの機械化により安定して生産できる	有機食材を安定して生産できる	味や食感を人工的に制御できる
	三つの「不」	不　満	アレルギーなどの理由で制限がある人の食の選択肢を広げる	オーガニック志向の人の期待に応える	健康や宗教上の理由で肉を食べられない人の選択肢を広げる
		不　足		水資源の少ない地域でも野菜と魚を育てられる	世界的な人口増加に伴う将来の畜肉の供給不足に対応可能
		不　安	化学薬品を使うことなく分解するため、健康や環境に優しい	農薬や化学肥料を使わずに生産可能。それを視覚的にも確認できる	肉に比べカロリーや脂肪、コレステロールが低い
便益		個　人	添加物を利用しない食品の多様化	安心安全な食材の提供	食の選択肢が増加
		産　業	製造工程の短縮。残渣を食品や食品以外のものとして有効活用	異業種が参入しやすく、本業とシナジーを生む	健康や環境の面で付加価値の高い食品を市場に提供
		社　会	食品の生産・製造における廃棄の抑制	食料生産の増加、環境の持続可能性の向上に貢献	植物肉が牛肉や豚肉などと並ぶ新たな肉のカテゴリーとして浸透

事例企業への取材年月

第Ⅰ部総論や第Ⅱ部事例編における事例企業の情報は、原則として取材時点のものである。

事例番号	企業名	取材年月
1	㈱ CAN EAT	2023年７月
2	㈱ Goals	2023年10月
3	赤坂水産㈲	2023年11月
4	バリュードライバーズ㈱	2023年12月
5	コネクテッドロボティクス㈱	2023年７月
6	ドリコス㈱	2024年３月
7	㈱マゼックス	2023年10月
8	デイブレイク㈱	2023年10月
9	スパイスキューブ㈱	2023年７月
10	グリーンカルチャー㈱	2023年10月
11	㈱アクポニ	2023年９月
12	日本ハイドロパウテック㈱	2023年９月

事例 1

食事制限があっても食を楽しめるように

㈱ CAN EAT

代表取締役 CEO **田《た》ヶ《が》原《はら》 絵《え》里《り》**

企業概要

代 表 者：田ヶ原 絵里
創　　業：2019年
資 本 金：2,538万円
従業者数： 2 人
事業内容：アレルギー事故防止 ITサービスの開発、運営
所 在 地：東京都新宿区天神町7-11 No.14
U R L：https://about.caneat.jp

食物アレルギーは、一歩間違えれば消費者の生命にかかわる重要なことである。ただし、その種類は多岐にわたるため、不特定多数が利用する外食産業において個々の利用者の情報を網羅的に把握するのは容易ではなく、多くの企業が対応に苦慮している。

㈱ CAN EAT の田ヶ原絵里さんは、食物アレルギーによる事故を防ぐためのサービスを外食産業に提供し、食に対する不安や不満を解消しようと立ち上がった。

食事に潜むリスクを見える化

――事業内容を教えてください。

飲食店やホテル、結婚式場などの外食産業向けに、二つのアレルギー対応サービスを提供しています。

一つは、「アレルギー管理サービス」です。調理に使う加工食品や調味料の原材料ラベルをスマートフォンで撮影するだけで、材料に含まれるアレルゲンを表示できるアプリケーションを提供しています。メニューごとのアレルギー表をつくることも可能です。作成したアレルギー表は、2次元バーコードを介して消費者にも提示することができます。月額2500円から利用可能で、読み取る品数の設定やメーカーへの問い合わせ代行の有無により料金が変わります。大体、月額1万円から1万5000円程度でご利用いただいています。

もう一つのサービスは、「アレルギーヒアリングシステム」です。消費者の食べられないものと食べられるものの両方を事前に把握することで、飲食店側が個別対応を円滑に行えるようにするサービスです。消費者は自分の食事制限に関する情報を専用のウェブサイトに登録し、店と共有します。店側は会食1回当たり、５０００円から利用できます。大勢による会食が頻繁に開かれるホテルや結婚式場向けに、定額のプランも用意しています。

これらのサービスは、それぞれ30社ほどが導入しています。ヒアリングシステムの登録者数は、２０２２年時点で3万人を超えました。

――どのようなアレルゲンに対応しているのでしょうか。

卵、乳、小麦など食品表示法に基づく基準により表示が義務づけられている特定原材料8品目に加え、大豆、さけ、牛肉など表示が推奨されている20品目にも対応しています。

推奨対象の20品目は原材料ラベルに記載されていないケースが少なくありません。これをわたしたちは「隠れアレルゲン」と呼んでいます。例えば、スイーツの原材料名に「ココアバター、小麦粉、生クリーム、砂糖／乳化剤（一部に小麦・乳成分を含む）」と書いてあったとします。実は、乳化剤には大豆が含まれていることもあるのですが、必ずしも表示されません。知らずに大豆アレルギーの消費者に提供してしまうと、健康を害する危険があります。

そこで、食を提供する側も消費する側も安心できるよう、当社のサービスは隠れアレルゲンにも対応しているのです。

――なぜアレルギー対応に関心をもったのでしょうか。

創業前は印刷会社で勤務し、新規事業の立ち上げやアプリケーション開発に携わっていました。フード業界に興味をもったのは、３Ｄフードプリンターという、食べ物の形だけではなく、栄養素や味、食感なども自由にコントロールできる技術にかかわったことがきっかけです。近い将来、一人ひとりの嗜好《しこう》に合わせて食を最適化する時代がやって来ると感じました。

アレルギーの問題に向き合うようになったのは、身内が食物アレルギーを発症したからです。食事に制限があると、外食時に安心して食べられるものを探すのは大変です。加えて、本人は飲食店や食事をともにする人に気を遣わせてしまうことに大きなストレスを感じていました。そこで、アレルギーがあっても気兼ねなく食事を楽しめるようにするツールを開発しようと考えました。

トラブルの原因となる二つのミスを防ぐ

――どんなことから始めましたか。

手始めに、アレルギー関連の誤食事故を調べて原因を探りました。注目した問題は二つです。

一つ目は、原材料の確認ミスです。飲食店の従業員が、隠れアレルゲンに気づかなかったり、思い込みで見落としたりすることで発生します。

メニューのアレルギー情報は、多くの場合、料理人や総務担当者が管理しています。ただ、アレルギーの専門家ではありませんし、食品表示に関する知識が十分とはいえません。自分たちで調べるには限界がありますし、メーカーや卸売業者に確認するにも手間がかかります。

二つ目は、コミュニケーションミスです。消費者と従業員、従業員同士などで情報をやりとりする際に発生するミスです。

例えば、結婚式の招待状をイメージしてください。招待状にはアレルギーを申告する欄があります。出席者が「かにアレルギー」と記入した場合、それを見た料理長は、同じ甲殻類のえびは大丈夫なのか、ほかの食材にも影響するのではないかと考えます。そこで料理長はウエディングプランナーに再調査を依頼し、プランナーは新郎新婦に、新郎新婦は出席者に確認します。そして、また料理長まで伝言ゲームがさかのぼるので、その途中で伝達ミスにつながりかねません。

食べられない食材を提供した場合、消費者の健康を害してしまいます。運良く誤食を避けられたとしても、せっかくつくった料理は廃棄することになります。他方、これら確認ミスやコミュニケーションミスは、ＩＴを使えば簡単に防げると考えました。そこで２０１９年、システムの開発や運営のため当社を立ち上げました。

――二つのサービスがそれぞれの問題に対応しているのですね。

そうです。管理サービスは確認ミスに対応しています。撮影された原材料ラベルの画像から、ＡＩがアレルゲンを自動判定したうえで、外部の専門家がダブルチェックします。必要に応じて、メーカーや卸売業者に製造や流通過程でその他アレルゲンの微量混入がないかといったことも問い合わせます。これにより、料理を提供する側にアレルギーの知識がなくても、正確な案内が可能になります。

スマートフォンでアレルゲンを簡単に把握

取引先からは、「正しいアレルギー情報を提供できているか不安だったが、専門のスタッフにみてもらえるので安心だ」「お客さまにアレルギー表を２次元バーコードで案内できるので、問い合わせに対応する手間が激減した」などの声をいただいています。

また、ヒアリングシステムはコミュニケーションミスを防ぐためのものです。卵一つとっても、加熱の要否や、マヨネーズはだめだがハンバーグのつなぎに使われている程度なら大丈夫など、成分の量によっても、許容範囲に個人差があります。

従来、飲食店側は食事会の幹事を通じて参加者のアレルギー情報を把握していたのですが、提供がだめな食材は聞けても、大丈夫な食材までは聞いていないことがほとんどでした。一方、ヒアリングシステムでは、どんな配慮が必要なのかを、食事をする本人に細かく登録してもらいます。

そのため、取引先からは「本人が直接回答してくれるので、間に入る人の負担が軽減したうえ、言った言わないのトラブルがなくなった」「食べられないものしか聞いていなかったときは、事故が怖くて食材を過剰に選別していたが、食べられるものがきちんとわかるようになったので代替食のバリエーションが広がった」といった話を聞きます。


――どのように事業化を進めたのでしょうか。

事業を始めるに当たって、アレルギーに関する知識を一から勉強しました。ただ、独学には限界があったので、アレルギーの専門家の力を借りることにしました。飲食チェーンのアレルギー検索システムの構築やアレルギー対応食品の製造に携わっていた方に声をかけたのですが、初めて相談したときは、この業界の厳しさについて教えていただき、わたし自身ももう一度サービスを練り直すことになってご縁がありませんでした。それでも、「食事制限のある人も、不安なく食を楽しめるようにしたい」という思いで事業を続けていて再会したところ、熱意を買っていただき、顧問を引き受けてもらえました。

サービスの開発や運営は、プロジェクトチームをつくって行っています。メンバーはエンジニア5人、営業企画5人の計10人です。SNSで知り合い、業務委託のかたちで協力していただいています。

開発やチームの取りまとめに当たっては、勤務時代の経験が生きています。特に、光学文字認識という技術を活用したアプリケーションの立ち上げや運用に携わったことは、原材料ラベルを読み取る機能が必要な管理サービスの構築に役立ちました。

また、最近では、正社員も1人採用しました。自身にもアレルギーがあり、同じ悩みをもつ人を助けたいと思っていたそうです。そんななか、当社の事業を知り、自分も力になりたいと応募してくれました。当社に協力している方々はみんな責任感が強く、心強い仲間です。

目指すは食のパーソナライゼーション

——頼もしいメンバーですね。取引先にはどんな特徴がありますか。

当社のサービスを導入している企業は、接客やおもてなしなどのサービス面に対する意識が高いと思います。不特定多数が利用する飲食店などの企業では、一人ひとりへの対応に力を入れているところも少なくありません。消費者の満足度を向上させるために導入してくれているようです。

特に、結婚式場やホテルでは、顧客の1割程度はアレルギー対応が必要であり、当社のサービスに対する需要は大きいといえます。最近は、修学旅行先になるような観光地の旅館やホテルの導入事例も増えてきました。

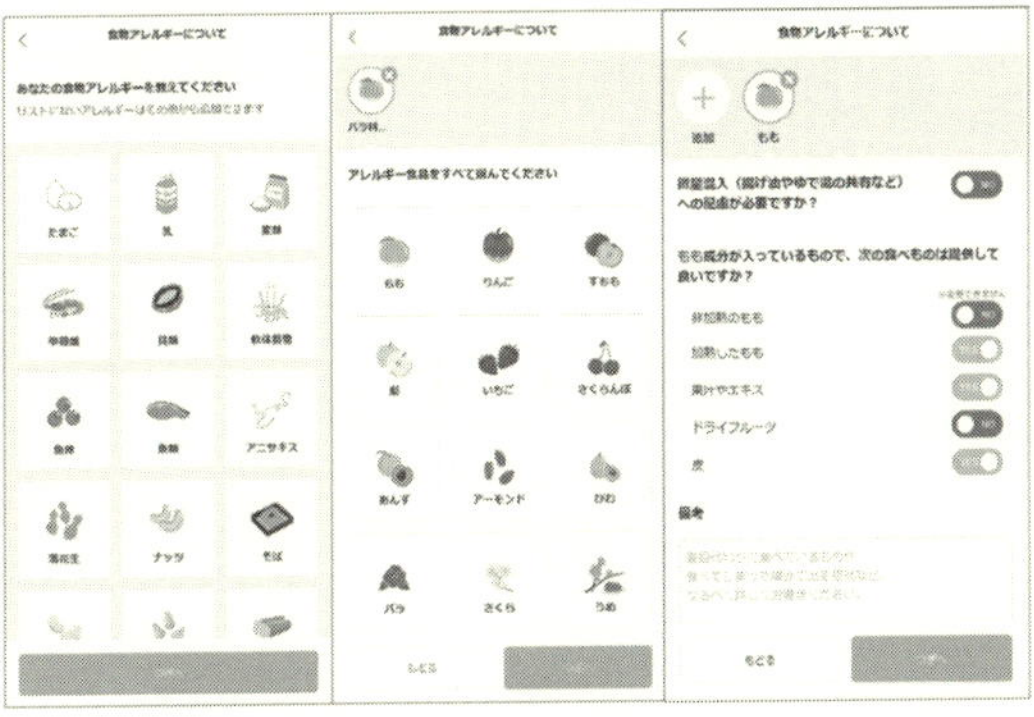

アレルギー情報をきめ細かく取得

取引先とは、外食やブライダルに関する展示会、あるいは口コミなどを通じてご縁がありました。また、わたしがアレルギーに関する研修会で講演を行うこともあり、その際にお話をいただくこともあります。さらに取引先を増やすべく、営業活動に力を入れているところです。

――今後の展望を教えてください。

当社が中長期的に目指しているのは、アレルギー対応専門の会社ではなく、「食のパーソナライゼーション」を実現する会社です。アレルギー情報の表示は、これまで事故を防ぐためのネガティブチェックに利用されることがほとんどで、多くの企業にとって守りのツールとして位置づけられていました。しかし、アレルギー以外の理由でも、食べられるものが制限されている人はいます。例えば、健康状態、個人の信条、宗教上の理由などです。このように食の多様化が進むなか、食事制限に関する情報の表示を集客や顧客満足度の向上につなげられる攻めのツールとして活用してもらえるようになれば、外食産業の可能性はさらに広がっていくでしょう。

また、ヒアリングシステムには消費者の食事嗜好のデータが、管理サービスには外食産業のメニューのデータが蓄積されています。ユーザーの許可を得たうえで、これらを活用した新しい事業も始めたいと思っています。

好き嫌いを含む消費者の好みと飲食店のメニューをマッチングできるようにし、誰もが自分に合った外食先を簡単に見つけられるようにする。あるいは、地域全体で当社のサービスを活用してもらい、域内にある外食産業のメニュー情報やアレルギー表を共有する取り組みも構想中です。

食がかかわる分野は多岐にわたります。大げさかもしれませんが、わたしたちの暮らしや地域を支える根幹ともいえます。食文化を活性化させ、食を安心かつ安全に楽しめる暮らしや地域の実現につなげていきたいです。

取材メモ

食事制限の内容には個人差があり、外食産業の現場は対応に日々頭を悩ませている。トラブルを防ぐために、必要以上に使用する食材を絞ることもある。そのため、提供するメニューの幅も狭くなりがちだ。食事制限のある人にとっては、楽しめる料理の選択肢が減るということである。

誰もが安心して外食を楽しめるようにしたい。そう考えた田ヶ原さんは、企業の負担を減らす必要性に着目した。一人で創業し、関連知識を習得しながら、明確なビジョンと行動力でともに協力し合える仲間を集め、アレルギー対応システムの開発、運用に取り組んだ。実際にサービスを導入した企業からは、個別対応の負担が減り、提供できるメニューも増えたという声が挙がっており、消費者のより豊かな食体験を創出できているといえよう。誤食事故の防止といった守りのツールであったアレルギー対応を、おもてなしの向上や集客など攻めのツールに変えた同社は、将来の外食産業をより盛り上げていくだろう。

（池上 晃太郎）

事例 2

需要予測で断ち切る不足の連鎖

㈱ Goals

代表取締役 CEO　佐崎《さざき》　傑《たかし》

企業概要

代 表 者：佐崎　傑
創　　業：2018年
資 本 金：9,000万円
従業者数：85人
事業内容：外食向け業務支援クラウドサービス
所 在 地：東京都港区芝5-3-2 +SHIFT MITA　3 F
U　R　L：https://goals.co.jp

飲食業界では人手不足が深刻だ。その有効求人倍率は2023年平均で3倍に近く、全体の約1.3倍を大きく上回っている。そのうえ、勘と経験に頼る業務が多く、それらをもった従業員を確保しなければ、収益力に響いてしまう。業績が振るわなければ、条件の良い求人を出せない。こうした状況に一石を投じるのが、㈱ Goalsだ。CEOの佐崎傑さんに、負の連鎖を断ち切ろうとする同社のサービスの成り立ちと今後についてうかがった。

最初の一歩は大胆に

――事業内容を教えてください。

飲食業界向けのＳａａＳ（Ｓｏｆｔｗａｒｅ ａｓ ａ Ｓｅｒｖｉｃｅ）を開発、運営しています。ＳａａＳとは、サーバー側で稼働しているソフトウエアを、ユーザーがそれぞれの端末で利用できるサービスのことです。世の中には、経理や給与計算など、どんな業界にもある業務に対応したものもありますが、当社が手がけているのは、飲食業界向けに特化したソフトウエアです。

飲食業界の特徴を整理してみましょう。ＦＬコストと呼ばれる食材費と人件費が、店舗運営の経費全体の約6割を占めています。利益を増やすには、この二つの経費を抑えることが欠かせません。しかし、これが難しい。予約なしに来店する客が多く、注文を受けたら即納が求められる業態だからです。このスピードに対応するには、見込みでの材料発注や事前の下ごしらえが必要になります。人員も見込みで確保しておかなければなりません。ただし、その予測には勘と経験が必要で、担当する人の力量によって、精度に大きな差が出てしまいます。近場でコンサートや花火大会のようなイベントがある場合は、さらに予測の難度が上がります。人材の力量の差が経費率に直結し、企業収益を左右するわけです。

　こうしたオペレーションの難題を解決するために当社が提供するのが、飲食業界向けサプライチェーンマネジメント支援クラウドシステム「HANZO」シリーズです。最初に「HANZO　自動発注」を開発し、次に「HANZO　人件費」をつくり上げました。

　前者は、人工知能（AI）が曜日や天候、季節トレンドなどを加味した需要予測を行い、適正な発注管理を実現します。後者は、需要予測をもとにAIが最適な人員配置を提案します。いずれも経験に裏づけられた勘が必要な業務で、習熟に時間がかかるため、自動化できるようにしました。一連のオペレーションを改善することで、導入先の経費低減に貢献しています。

　導入先は数十社に及び、数十店舗を擁する大手から中堅規模の飲食店にご利用いただいています。メニュー

HANZO 自動発注で在庫を予測する

数の多寡は問わず、居酒屋やラーメンチェーンのほか、宅配の業態にも広がりつつあります。

――なぜ飲食店の課題解決に取り組むことにしたのでしょうか。

実は、創業のときから飲食業界に特化しようと決めていたわけではありません。

わたしは業界横断型の基幹システムを手がける企業にエンジニアとして新卒で入ったのち、直属の上司や先輩の背中を追ってマネジメントの腕を磨き、成長してきました。しかし、事業責任者に昇進し、創業者である社長の直属となり、その仕事ぶりを間近でみるうちに、自分も起業してみたいと思うようになりました。

大きな決断は考えていても始まらない。そう思い、事業内容を固めないうちに起業しました。決めていたのは、前職で取り扱っていたサプライチェーンの領域でＳａａＳを提供するという大枠のみです。世の中の経済活動で大きなウエイトを占める、仕入れ、製造、販売の一連のプロセスを効率化することには、大きな意義があると考えていたからです。

まずは、どのような業界にニーズがあるのかを検討しました。市場調査に当たっては、頭だけではなく足も使いました。ユーザーが利用する画面の配置や機能など、考えたサービスの内容をまとめたスライドを用意しました。そして、前職で得た人脈を頼りに、製造や飲食、人事などさまざまな業界の人たちにプレゼンテーションを行いました。

そのなかでみえてきたことがあります。サプライチェーンの領域のＳａａＳは、事業の根幹に直結するため、顧客側での慎重な検討が必要で、かつ簡単には導入してもらえないということです。ありのままにいえば、話を聞いてくれた担当者が前向きだったとしても、影響を受ける部署が多岐にわたるため、導入の決裁が下りにくいのです。

そのなかで、感触が良かったのが、自らでアクションの決断をしやすいオーナー創業者が多い飲食業界です。需要予測に悩みを抱えているとの声を多く耳にしました。わたしには飲食店での就業経験はありませんでしたが、祖父が食品製造業を経営していたため、身近な存在でもありました。そこで、飲食業界向けのＳａａＳを手がけることにし、２０１９年後半にアルゴリズムの開発を始めました。

スマートに、でも泥臭く

――開発にはどのような苦労があったのでしょうか。

開発前から、勤務時の経験を踏まえれば、需要予測は実現できるだろうと自信をもっていました。ただ、飲食店における発注業務は、需要さえわかればよいというものではありません。在庫も考慮する必要があるからです。

こちらは過去の経験だけでは太刀打ちできそうにありません。そこで、飲食業の在庫予測に関する論文を調査してみました。しかし、海外を含めて、しっくりくるものはみつかりませんでした。仕方なく、一から研究することにしました。果たしてうまくいくのか。そんな不安を抱えながら、研究開発を進めました。

1年余りかけ、どうにか机上では納得できるレベルの在庫最適化モデルがつくれました。さっそく、ある飲食店の協力を得て、実店舗でこのモデルを試してみました。しかし、まったくうまくいきません。在庫を予測するロジック自体もさることながら、問題は、実際の在庫と理論上の在庫の数が合わないことでした。

多くの飲食店では人が料理をつくります。当然ミスもしますし、食材を使う量も毎回多少は違うでしょう。チェーン店では、ある店舗で足りなくなった食材を別の店から移すこともあります。予定どおり食材が届かず、近くのスーパーで急に調達することだってあります。こうしたさまざまなケースを考慮しきれず、結果が大きくずれてしまったのです。このままではサービスを実現できないかもしれないと、目の前が真っ暗になりました。

――どうやって乗り越えたのですか。

机上でばかり考えていても仕方ありません。とにかく現場を観察してみよう。そう考え、当時のメンバー総出で、実際の店で在庫の棚卸しを行いました。なぜアルゴリズムによる予測が実態と合わないのか、要因を一つ一つ確認し、システムに反映していきました。

問題を解決する手段がわかった頃には、わたしたち自身が棚卸しに習熟するほど回数をこなしていました。棚卸しは手間と時間がかかる業務であることを、身をもって痛感しました。結果として、棚卸し作業をしなくても毎日在庫を管理できる、在庫最適化の重要性と必要性について改めて確認することができました。

具体的にどう解決したのかを詳しくは話せませんが、仮説と検証を繰り返し、高い予測精度を実現しました。２０２０年10月にＨＡＮＺＯ　自動発注をリリースしたとき、開発開始から1年を超え、創業からは2年3カ月が経っていました。

――リリース後はどのような反響がありましたか。

「店舗間の需要予測精度のばらつきが改善できた」「経験の浅い従業員でも行えるようになった」「これまで1時間かかっていた発注業務を5分ほどに大幅短縮できた」というような、

うれしい反響がありました。

ねらいが間違っていなかったことが明らかになったため、需要予測に基づく店舗への人員配置を支援するＨＡＮＺＯ　人件費の開発にチャレンジし、飲食店の二大経費の削減に貢献できるツールをそろえました。

その後、ＨＡＮＺＯシリーズを導入してもらうなかで、新たな課題もみえてきました。それは、導入先のデータの形式が統一されていないことです。ＨＡＮＺＯシリーズでは、ＰＯＳシステムや予約管理システムなどに保存された各企業の内部データを用いて機械学習を行い、需要を予測しています。しかし、データの形式や種類は企業によってばらばらです。しかも、一つの企業のなかで、データが数カ所に分散し管理されていることもあります。

企業がＨＡＮＺＯシリーズを導入し、既存の各システムと連携するためには、蓄積されたデータの集約と整理が欠かせません。この作業は、単純にみえて実は専門性が高い業務です。そこで当社では、業務に長けた人材が、過去の実績データとの連携をはじめとする初期設定から、各店舗の従業員が操作に習熟するまで、導入先の事情をうかがいながら、支援を丁寧に行っています。

サプライチェーン全体を効率化

――導入してもらった後も、運用のフォローが必要となりそうですね。

その通りです。利用企業において、導入を決定するのは本部ですが、実際に利用するのは現場の従業員やアルバイトです。いくら時間が削減できる、収益が増えると説いても、運用に手間がかかりすぎるとか、操作が難しすぎるといった印象を与えては、まともに使ってもらえません。日々の情報を入力してもらうことで予測精度を向上させるので、店舗スタッフの協力は欠かせないのです。

そのため、ユーザーが操作を行うページやボタンなどのデザインは、食材の写真やカレンダーの表示を可能にし、わかりやすさにこだわってつくりました。また、いつでもどこでも使えるよう、パソコンだけではなく、スマートフォンやタブレットにも対応しています。

加えて、発注時の数量の誤入力といった人為的なミスを防止するアラート機能や、利用時の質問を受けるためのカスタマーサービスも用意しました。

——今後の展開を教えてください。

当社は、フード業界の川下に位置する飲食店の需要を予測できるようになりました。これらの予測情報は、飲食店に食材を卸している業者や、食材を製造している業者にとっても有益であるはずです。

どのように展開していくかは検討中ですが、こうした飲食店の川上の事業者にも、当社の予測情報を生かしてもらいたいと考えています。サプライチェーンのなかで発生する問題はつながっているからです。

例えば、食品の廃棄ロスの問題です。わが国の廃棄ロスの過半は、家庭ではなく事業活動に起因しています。こうした事業系のロスのうち、一般にイメージしやすいのは、飲食店の余った食材や食べ残しによる廃棄です。しかし、実は食品の製造や流通過程で発生する廃棄の方が、飲食店よりも量が多いのです。川下の需要が不透明であれば、川上は品切れを防ぐため、食材を多めにつくらざるを得ないでしょう。

ミスを防ぐわかりやすいアラート

そのため、飲食店だけを効率化しても、この問題は解決できません。一方で、廃棄ロスにかかる経費は、どの事業者にとっても重い負担ですし、持続可能性の観点でも問題があります。大変でも、取り組む意義は大きいといえます。

このように、業種をまたいでつながっている問題を解決するには、川上から川下までサプライチェーン全体で対処する必要があります。さまざまな情報を収集し、分析してきた経験と、需要予測という技術を生かし、サプライチェーン全体の生産、在庫、物流などを最適化し、フード業界の生産性向上を推進すること。これが当社の目標です。

取材メモ

どんな分野においても、正確な予測は難しい。これまでは勘や経験が最大の武器だった。しかし最近は、データ分析の技術が高度化し、機械学習など新たな技術も登場している。その恩恵を飲食店にもたらそうと奮闘を続けているのが同社だ。先端技術をスマートに取り入れながらも、泥臭く、現場に足を運ぶスタイルは、ようやく実を結びつつある。大手の飲食チェーンでも、同社のサービスを選択し始めている。

人手不足、経験不足、そして廃棄ロスによる食料不足。一つの不足をきっかけに不足は連鎖する。やがて企業の枠を超えて、課題は社会規模へと膨らんでいく。同社の予測技術は、サプライチェーンの最適化により無駄やムラを解決し、この不測の連鎖を断ち切ろうとしている。その先には、食材を用意する人、調理する人、食べる人の皆が豊かになる未来が待っている。

（中野　雅貴）

事例 3

データ分析で次世代の魚づくりに挑む

赤坂水産㈲

取締役　赤坂《あかさか》 竜太郎《りゅうたろう》

企業概要

代表者：赤坂 喜太男
創　業：1953年
資本金：500万円
従業者数：14人
事業内容：マダイ、ヒラメの養殖
所在地：愛媛県西予市三瓶町周木6-112-2
電話番号：0894(33)3344
URL：https://akasakasuisan.co.jp

赤坂水産㈲は自社ブランド魚「白寿真鯛《はくじゅまだい》」「横綱ヒラメ」を中心に展開する養殖業者である。活魚運搬車で消費者市場に直接出荷される同社の魚は、おいしさ、栄養、鮮度に優れていると高い評価を得ている。2022年には飼料に魚粉を使わない「白寿真鯛０」の販売を開始した。膨大なデータ分析を経て開発した商品である。海に浮かぶいけすに、水産資源の枯渇に真正面から立ち向かう同社の姿勢を見た。

水産資源の持続可能性を守る

――御社の商品である「白寿真鯛」と「白寿真鯛0」にはどのような違いがあるのですか。

養殖に使われる一般的な飼料は、50パーセント程度の魚粉を含んでいます。当社は、魚粉割合を30パーセントに抑え、代わりに白ゴマを配合した低魚粉の飼料を用いてマダイを養殖してきました。白ゴマに含まれるセサミンがマダイの身に蓄積され、栄養価を高めてくれます。食べた人が末永く健康でいられるようにという願いを込めて、「白寿真鯛」というブランド名にしました。

低魚粉飼料の取り組みをさらに進め、魚粉を一切含まない飼料を使用して一定期間育てたものが「白寿真鯛0」です。飼料には白ゴマのほか、大豆の油かすなどを使っています。飲食店や消費者からは、雑味のないさっぱりとした後味だと評価されています。

白寿真鯛0の開発に取り組んだきっかけは二つあります。一つ目は魚粉価格の高騰です。世界全体で養殖漁獲量は増加しており、飼料の原材料となる魚粉価格が高騰し続けています。マダイの養殖では、原価のうち餌代が6割以上を占めており、魚粉価格の高騰は経営に大きな打撃を与えるのです。

二つ目は水産資源の枯渇です。飼料に使われる魚粉の多くは、天然のカタクチイワシなどからつくられています。一般に、マダイを1キログラム大きくするのに、約4キログラムのカタクチイワシが飼料の原料として必要になります。水産資源を維持するために行っている養殖に、天然資源を大量に使用していては本末転倒でしょう。

――白寿真鯛0はどのように開発したのでしょうか。

飼料に含まれる魚粉を減らす取り組みは、他社でもすでに進められていました。しかし、魚の食いつきが悪く、成長しにくくなるという欠点がありました。マダイにとっての魚粉は、人間にとっての肉や魚料理のようなものです。これらが食卓から消えると考えれば、食欲が落ちるのも納得です。成長が鈍れば、弱って死にやすくなりますし、食べ残しでいけすの水質が悪化すれば、魚の生存率は下がります。

こうした問題を解決すべく、わたしは大学院と前職の保険会社で学んだ、回帰分析をはじめとする統計学の手法を用いました。10を超えるいけすで飼料の魚粉割合や1回当たりの給餌量、給餌頻度などを変えて養殖を行い、対照比較を行ったのです。

6年以上に及ぶデータ分析の結果、無魚粉飼料を与えるうえで重要なのは、1回当たりの給餌量を減らし、その分頻度を増やすことだとわかりました。そうすることで、食べ残しが減り、魚粉を与えた場合と遜色ないほど魚が成長したのです。こうして育成方法を確立し、2022年に白寿真鯛0の販売を開始しました。

――給餌頻度を増やすと、作業負担は重くなりませんか。

従来は、沖にあるいけすまで毎回船を出し、人の手で給餌をしていました。タイマー式の給餌機を導入しましたが、無魚粉飼料を使うとなれば、食いつきをしっかり観察する必要があります。当社には白寿真鯛用のいけすが30個、白寿真鯛0用が10個もありますから、当然、これまでの人手に頼った方法では限界がありました。

そこで、2019年からスマート給餌機を導入しました。スマートフォンによる遠隔操作で給餌できるIoT機器です。養殖魚は空腹になると海面近くまで浮上して餌を求め、満腹になると深いところに潜る習性があります。これを利用して、カメラやセンサーで魚の位置を把握し、適切な給餌タイミングを見極めることができます。定期的に給餌機に飼料を補給する必要はありますが、現場作業は格段に楽になりました。現在はすべてのいけすに搭載しています。

スマート給餌機は導入コストが高く維持費もかかるので、簡単には設置できません。当社の場合は、給餌機メーカーと連携したクラウドファンディングにより支援を得られたことで、いち早く導入できました。

人手不足や高齢化は、養殖業界が抱える大きな問題です。夜明け前から仕事が始まるなど、漁業に対して過酷なイメージをもつ人も少なくないでしょう。自動化することで労働環境を改善し、少しでもそのような印象を変えていくことで、養殖業界に若い力を呼び込みたいとも思っています。

養殖ならではの強みを生かす

――魚はどのように販売しているのでしょうか。

取引先は、大阪府や広島県、そして山口県の岩国に多く集まっています。自社で保有している2台の活魚運搬車で、直接現地に届けています。最短で注文を受けた当日に、あらゆるサイズの魚を納品することが可能です。

運送業者に依頼すると、取引先に届くまでに2日程度はかかります。魚のサイズも運送業者の指定に従う必要があるほか、複数の水産会社の魚と混載されるので、当社の魚が特定できなくなります。自社配送には人手や手間がかかりますが、混載されることもなく、最高の鮮度とトレーサビリティを確保できるのです。

また、取引は商社を介さず、直接市場の卸売業者やスーパーなどと行っています。そうすることで、消費者に近い取引先から品質に関するフィードバックを得られます。

スマート給餌機を搭載したいけす

市場のニーズに応えるべく、取引先からの意見や感想は独自飼料の開発にも生かしています。飼料を工夫することで、味や栄養素を変えることもできます。天然魚にはない、養殖魚ならではは強みだと考えています。

――味を改良するために、具体的にどういったことをしているのですか。

愛媛県産業技術研究所や民間の試験場と連携して、味や食感に関する分析に取り組んでいます。例えば、鮮度や栄養素、締めた後の肉質の変化などを調べています。

重要なのは、食べるときに最もおいしい状態であることです。分析の結果をもとに、取引先に調理方法や食べ方、熟成日数まで提案しています。例えば、水揚げ当日に刺身で食べると歯応えのある食感となり、１週間ほど熟成してあぶると柔らかい食感になります。こうした情報を共有することで、取引先の飲食店が最適なメニューを開発できるようにしています。

ただし、魚の魅力は活魚だけではありません。マダイは５月から６月にかけて産卵期を迎え、それを過ぎるとやせてしまいます。産卵期前に水揚げをする方がよいのですが、鮮度維持にも限界があります。

そこで、産卵期直前の最も栄養豊富な状態を維持し

自社保有の活魚運搬車

たまま、食卓に届けられるよう、産地での冷凍加工に取り組みたいと考えています。当社としても、自社で冷凍保存できるようになるので、通年で出荷できる商材を確保できます。

運搬面でもメリットがあります。活魚運搬では、魚と同時に海水を運ぶ必要があるため、トラックの積載量に対して20パーセント程度の重量の魚しか運べません。冷凍状態での運搬だと、海水が不要となり、効率良く魚を運ぶことができるようになります。自社運搬を行う当社にとっては大きい利点です。

――海外にも販売されているようですね。

はい。米国とシンガポールを中心に輸出しています。ただ、海外にマダイを輸出するのは簡単ではありませんでした。日本では、めでたい魚とされていますが、海外では特別な魚ではありません。さらに、中国では、マダイに用途の似たティラピアが大量に養殖されています。養殖期間が短く、必要な給餌量も少ないティラピアに対して、価格面で、日本の養殖マダイが勝てる見込みはありませんでした。

わたしは、ある国際的な展示会で白寿真鯛0を披露しました。海外での魚に対するニーズはどのようなものか、この魚に興味をもってくれるのはどういった人かなどを知るためです。

その結果、展示会を通じて肌身で感じたのは、海外では日本よりも水産資源の持続可能性に対する意識が高いということでした。

それを踏まえて、水産資源への配慮を前面に出し、「サステナブルシーフード」として売り出したところ、米国で注目されました。普通のマダイに比べ、売価も３割程度高く設定できました。今後も輸出先を広げて、さまざまな国の人にマダイのおいしさを知ってほしいと考えています。

協業で人工知能の可能性を拡大

――さらなる効率化の余地はありますか。

将来的には、給餌の完全自動化を実現したいと考えています。現時点では、海面からの画像データを分析し、魚の食欲を測っています。この技術をさらに進歩させるのです。

取り組んでいるのが、ＡＩ（人工知能）の活用です。今は、カメラから見える範囲のマダイを自動で数えられる段階まできています。いけすの中を泳ぐ様子をＡＩに学習させて、魚群の奥など見えない部分の魚の数を推計したり、個体を追跡したりすることを目指しています。

これらが可能になれば、食いつきを判定して、給餌量とタイミングの自動制御が可能になります。体長や体重を推定して、成長の個体差を調べたり漁獲量を予測したりすることもできるでしょう。

――養殖業界の成長のために何が必要だと考えていますか。

ノルウェーのような養殖大国と比較すると、日本の養殖は生産性が低いといわれます。大きな理由の一つは、規模の小ささです。

ノルウェーでは縦、横、深さがそれぞれ50メートルの巨大ないけすが主流である一方、日本の一般的ないけすのサイズは、それぞれ10メートルです。とはいえ、養殖業者がいきなり単独で大規模化を進めるのは難しいでしょう。生産性を向上させるためには、養殖業者同士で連携することも必要だと考えています。

当社は、地元では比較的規模の大きい同業者2社との共同出資により㈱JABURO《ジャブロ》を設立しました。同社では、養殖技術を共有し、マダイを無魚粉飼料で育て、出荷しています。連携により事業の規模を拡大することで、IoTやAIの導入効果を高め、無魚粉飼料での養殖の生産性を向上させることがねらいです。

このほかにも、川上から川下までを巻き込んだ連携を進めています。例えば、仕入先の飼料メーカーと飼料の改良に取り組んだり、販売先の大手宅配飲食チェーンと冷凍加工品を開発したりしています。

現在、冷凍加工は専門業者に委託していますが、将来的には㈱ＪＡＢＵＲＯで大型の冷凍加工場を設置する予定です。冷凍加工品の割合を増やせば、それだけ積載量を増やして運行回数を減らせます。これは物流の２０２４年問題への対策にもなります。ドライバーの時間外労働に上限規制が設けられると、鮮度が強みの活魚運搬は大きな影響を受けるでしょう。養殖業界が一体となって物流問題の解決に取り組まなければ、産地の競争力が低下してしまいます。今後も連携の輪を広げて、養殖業界全体を盛り上げたいと考えています。

無魚粉飼料による養殖、ＩｏＴやＡＩの活用、そして協業。こうした取り組みが全国の養殖業者のモデルケースになり、水産資源がより豊かになることが、わたしの願いです。

取材メモ

取材を終えてから、白寿真鯛０と通常の養殖マダイとを食べ比べてみた。一口食べただけでも違いがわかるほど、無魚粉飼料で育てられた魚は濃いうま味とさっぱりしとした後味に特徴があった。赤坂さんがどれほど味にこだわっているのかを実感できた。

水産庁「養殖業成長産業化総合戦略」において、マダイは戦略的養殖品目に指定されており、２０３０年の生産目標は11万トンとされている。それに対して、２０２２年のマダイ生産量は５万８０００トン。生産の効率化は喫緊の課題といえる。

赤坂さんは、長年の研究を重ねて無魚粉飼料による養殖を実現させた。そして、ノウハウを独占することなく、地元の同業者に共有している。海の持続可能性と地域の養殖業界の成長を目指す取り組みである。今では、業種を越えて連携の輪をさらに広げているようだ。未来の養殖業界では、こうした取り組みが各地で行われているかもしれない。

（真瀬　祥太）

事例 4

つないで広げる フードロス削減の輪

バリュードライバーズ㈱

代表取締役 **佐治 祐二郎《さじ ゆうじろう》**

企業概要

代表者	佐治 祐二郎
創業	2010年
資本金	400万円
事業内容	tabeloopの運営、インターネットマーケティング支援
所在地	東京都千代田区一番町7-1 一番町ビルヂング 7 階
電話番号	03(5251)4320
URL	https://www.value-d.co.jp

バリュードライバーズ㈱は、フードシェアリングプラットフォーム「tabeloop《たべるーぷ》」の運営を通じて、フードロスの削減を目指している。賞味期限の残りがわずかとなった食品や、流通規格外の農作物、獲れすぎた魚など、取り扱う商品は多岐にわたる。加えて、同社の取り組みはオンラインのサービスだけにとどまらない。tabeloopをベースにさまざまな事業を展開するねらいは何なのか。社長の佐治祐二郎さんに聞いた。

フードロスの実態を知りサービスを開始

――ｔａｂｅｌｏｏｐとはどういったサービスなのでしょうか。

流通規格に合わなかった、つくりすぎた、傷がついた。さまざまな理由でたくさんの農作物や水産物が廃棄されています。わたしたちは、こうした生産現場で発生する廃棄を産地ロスと呼んでいます。また、賞味期限が近い、配送時に汚れた、包装が破損したなどによる、流通過程での廃棄は食品ロスと呼ばれています。

ｔａｂｅｌｏｏｐは、こうした産地ロスや食品ロスの削減を目指してつくった売買プラットフォームです。従来捨てられていた食品を生産者やメーカーが出品し、必要とする人や企業に直接販売できるようにしたのです。

売り手は、農家や漁師、食品メーカー、卸売業者などで、現在の登録数は４００ほどです。もともとは廃棄していたものを売るわけですから、売り手にとっては新たな収益源となります。商品を表示できる買い手を、消費者のみ、飲食店や小売業者のみといったかたちで、限定して出品することもできます。

現在、買い手の登録数は、2万を超えています。アカウントとしては1件であっても、数百店を抱える飲食チェーンであるケースも少なくありません。直接取引であるため、安く食材を購入できることはもちろん、生産者の姿をみることができて安心だという声を聞きます。tabeloopでつながる売り手と買い手の双方にメリットがあるのです。

――どうしてこのサービスを始めたのでしょうか。

わたしは前職のコンサルティング会社で、約3000店舗の飲食店や食料品店を担当し、仕入れやメニューの開発を支援していました。そうしたなか、飲食業界にはデジタルに苦手意識をもち、ホームページや自社ECサイトをつくることができずに困っている会社が多くあることに気づきました。そこで、ECサイトの構築やインターネットマーケティングを支援する会社として2010年に当社を設立しました。

あるとき、お菓子業界の方から、「3分の1ルール」

tabeloopに掲載している商品

で廃棄する商品が多く、頭を抱えているという相談を受けました。賞味期限の残りが3分の1より短くなった商品は、小売店や卸売業者からメーカーに返されるという業界特有のルールがあったのです。

返品されたものは廃棄するしかありません。メーカーが割安で販売すればよいと思うかもしれませんが、ブランドイメージを壊すおそれがあります。そもそも、販売先との商習慣があり、小売価格より安く販売することをメーカーは避けます。

そうした話を聞き、2014年に「スイーツポケット」というサービスを始めました。これは、tabelloopの前身に当たります。賞味期限が近くなった約4000円分のお菓子を詰め合わせた箱を、半額の2000円で販売するようなものです。お菓子一つ一つの値段はわからないので、メーカーはブランドや取引先との関係を損なわずに流通させられます。販売先の多くは、韓国や中国など日本のお菓子が人気である海外でした。その後、このサービスを知った食品メーカーや卸売業者から、お菓子以外の商品も扱ってほしいと相談をいただくようになりました。

そうしたなか、産地ロスの現状を痛感する出来事がありました。食材の生産現場を学ぼうと、ある農家を訪問したときのことです。大量の大根を畑に入れて耕している場面に出くわしました。なぜ売らないのか聞くと、傷があったり、形やサイズが不ぞろいだったりして、既存の商流に乗せられないからとのことでした。

そのときわたしは、生産者や食品メーカーが飲食店に直接販売できれば、これまで廃棄していた食品にも流通の機会が生まれるのではないかと思いついたのです。ちょうど、フードロス対策の機運も高まっていました。そこで2018年、BtoB向けフードシェアリングサービスとしてtabeloopを開始しました。

――BtoB専用のサービスとして始めたのですね。

調べてみると、食品廃棄物の半分以上は、家庭ではなく事業者から発生していました。そのため、フードロスの削減に直結するのはBtoB向けだと考えました。

BtoCを中心にすると、1回当たりの取引量は小さくなります。収益を確保するには、相当な数の買い手が必要ですが、最初から多くの利用者を集めるのは難しいでしょう。一方、BtoBなら1回当たりの取引量が大きいですし、食材費の高騰に困っている取引先の飲食店の様子をみていたのも一つの理由かもしれません。やるからには周囲の方々に喜んでいただけて、長く続くサービスになればと考えました。

プラットフォームを維持するため、売り手からの手数料を、売買金額の15パーセントに設定しました。売り手も買い手も多数がかかわるプラットフォームを構築して運営するには、単独の売り手で成り立つ自社通販サイトに比べて5倍以上の手間やコストがかかります。それでも、サービス開始についてプレスリリースを打つと、「農家の救世主」というテーマでテレビ番組の特集に取り上げられました。これをきっかけに、生産者の登録が増えるとともに、消費者からも買いたいという問い合わせが数多くあったため、すぐにＢｔｏＣにも対応することになりました。

開始当初からＢｔｏＢを想定していたこともあり、大ロットの取引を得意としていることは当社の強みです。ただ、量があまりにも多くなると、ｔａｂｅｌｏｏｐに掲載するだけでは簡単に買い手がみつかりません。そうした場合、当社が営業を代行するかたちで買い手を探し、直接つなぎます。数トン規模の取引を仲介することもあります。大量のジャガイモやニンジン、冷凍イチゴなどを売りたいと相談されたときには、野菜や果物を大量に調達しても自社で加工することが可能な高齢者向けの施設や弁当給食事業者などとマッチングしています。

派生したアイデアを次々に実現

――tabeloopには、いくつかの関連事業があるようですね。

「たべるーぷショップ」や「たべるーぷファクトリー」などです。たべるーぷショップは2022年6月に始めた実店舗で、東京都世田谷区にあります。取り扱う商品のコンセプトはtabeloopと同じです。プラットフォームの運営を通じて、消費者と接する機会を増やすことが課題だと感じていました。だから、実店舗を運営して、消費者とのリアルな接点をもとうとしたのです。

実店舗があると、フードロスを意識せずに来店するお客さまに出会うことができます。こうした方々に食品廃棄の問題を意識してもらうことも、フードロスを削減する一手になります。実際、来店をきっかけにtabeloopに登録して、購入してくれた人もいます。

もう一方のたべるーぷファクトリーは、産地近くの食品工場を借りて、生産者に加工する場を提供する取り組みです。消費期限が短い1次産品も、加工すれば長持ちする食品に変えられます。付加価値を高めることもできるでしょう。ただし、生産者が加工に手を出すには、大がかりな設備投資が必要になります。そこで、加工会社とマッチングするわけです。
現在、三重県の水産加工業者との協業により、たべるーぷファクトリーを設けています。ここでは、定置網で揚がった小魚を加工して、ペットフードなどを製造しています。消費期限は鮮魚のままでは約1週間ですが、ペットフードにすれば賞味期限が4カ月に伸びます。ｔａｂｅｌｏｏｐやたべるーぷショップで販売しています。取り組みに賛同して工場を貸してくれるところを、ほかでも模索中です。

――生産者の収益力を向上させる取り組みといえますね。

当社は目標の一つに「２０３０年までにフードロスを半減すること」を掲げています。これを実現するためには、ｔａｂｅｌｏｏｐに賛同し、参加してくれる人を増やす必要があります。せっかく良いプラットフォームを用意しても、参加者が少なければ効果は限定されてしまうからです。
今は買い手も売り手も5倍に増やしたいと考えています。困難な道のりではありますが、当社には、多数の飲食店や食料品店と長年取引してきた経験から、彼らが生産者に求めていることを把握しているという強みがあります。ｔａｂｅｌｏｏｐの活動を通じて、食品業界からのニーズを生産者に還元し、収益力を向上させることができれば、おのずと登録してくれる会員も増えるでしょう。

ただし、当社だけの取り組みには限界があります。外部の企業と積極的につながることも重要だと考え、「たべるーぷマルシェ」にも取り組んでいます。農協や大手不動産会社と連携し、通常の流通ルートでは廃棄される青果物を、産地から直接マンションに配送して共用部で販売する居住者向けのイベントです。

農協は生産者と、不動産会社は居住者と、多くの接点をもっています。そうした会社とつながることで、当社だけでは出会えなかった方々とかかわりを得られます。一企業の取り組みの限界を越えて、ロスの削減を目指すことができます。

輪を広げる余地はまだ多く

――今後の展望を教えてください。

地産地消をテーマにしたエリア版ｔａｂｅｌｏｏｐを構想しています。ねらいは二つあります。一つは、小ロットの取引をもっと活性化させることです。収益の確保が難しい小ロット取引は、ビジネスの空白地帯といえます。エリアを限定し配送距離を短くすれば、輸送コストを減らせるので、収益面のハードルは下がります。

もう一つは、物流の２０２４年問題に備えることです。ドライバーの稼働時間が制限されるので、遠距離輸送に頼っていた生鮮品の流通は難しくなるといわれています。近距離の取引を増やすことは、生産者の販売機会の確保につながるのです。

現在各地で、バスに荷物を乗せて運ぶ実証実験が行われています。いずれは、これと地域版ｔａｂｅｌｏｏｐを合わせて実用化を考えています。

講演会でフードロス問題を周知

――フードロスをさらに削減するためにできることは何でしょうか。

より多くの人が、フードロスの問題を認識することが重要です。たべるーぷショップやたべるーぷマルシェを通じて、フードロスを意識していない人や、取り組み方がわからないという人がたくさんいることを実感しました。生産者側や流通側がいくらフードロスの削減に取り組んでも、消費者側にその意識が芽生えなければ、廃棄の問題はなくならないでしょう。わたしは、セミナーや講演会を通じて、フードロスの現状の周知にも取り組んでいます。中学生が校外学習の一環で、話を聞きに来てくれたこともありました。

問題が広く認知されるようになれば、期限が間近になった値引き商品や生産者による直売品などを率先して買う人が増えるでしょう。こうして利益をあげた生産者やメーカーは、今まで廃棄せざるを得ないと考えていたものを積極的に出品するようになるはずです。市場に出回る訳あり品が増えれば、それを消費することも当たり前になっていき、さらにフードロスの削減は進むでしょう。

生産者と消費者の両方にアプローチすること、さまざまな企業と連携すること。この二つの取り組みを続けることで、フードロス削減の輪を広げていきます。

取材メモ

ｔａｂｅｌｏｏｐにどのような商品が掲載されているのか気になり、ホームページを開いてみた。最初に目に入ったのは、「訳あり」と書かれたミカンだった。写真では、確かに少し皮に汚れが付いているように見えた。枝や葉でこすれたり、日焼けで色が変わったりしたものだと説明欄に書いてある。たったこれだけで規格外となり、流通させられなくなってしまうのかと驚きを覚えた。

佐治さんは、食品業界での実体験からフードロスに対する問題意識をもち、自社の事業と組み合わせてプラットフォームを生み出した。サービスを運営するなかで、オンラインで売り手と買い手をつなぐだけでは不十分だと感じた。そこで、加工業者と連携したり実店舗を設けたり、次々にアイデアを実行していった。いまや、自社だけでは及ばない領域にまで取り組みを広げている。同社が始めたフードロス削減の輪は、限りなく大きくなる可能性を秘めている。

（真瀬　祥太）

事例 5

ロボットで食産業を魅力的な職場に

コネクテッドロボティクス㈱

代表取締役　沢登《さわのぼり》 哲《てつ》也《や》

企業概要

代 表 者：沢登 哲也
創　　業：2011年
資 本 金：１億円
従業者数：42人
事業内容：食産業向けロボットの開発
所 在 地：東京都小金井市梶野町5-4-1
Ｕ Ｒ Ｌ：https://connected-robotics.com

東京都小金井市にあるコネクテッドロボティクス㈱は、食産業向けにロボットを開発している。同社の製品の特徴は、導入する企業の従業員のことを第一に考えてつくられているということである。社長の沢登哲也さんは、自動化が難しく、これまで効率化や平準化、省力化などが進みにくかった分野に着目した。

労働環境を改善するロボット

――どのようなロボットをつくっているのですか。

飲食店や食品工場など、食産業で働くロボットを開発しています。

飲食店向けには、そば、ソフトクリーム、フライドポテト、たこ焼きなどの調理ロボットの開発・導入実績があります。例えば、そばロボットは、駅中にあるそばチェーン店で使用されています。そば玉の入ったざるをゆで麺機に入れ、ゆで上がった後の湯切り、冷水での締め、水切りまで自動で行ってくれます。アームが1本のタイプと2本のタイプがあり、1本の方は1時間当たり最大で80食、2本の方は同じく150食分のそばをゆでることができます。

食品工場向けのロボット開発は、最近特に力を入れ始めた分野です。スーパーマーケットやコンビニエンスストアなどに並ぶ総菜の盛りつけや、ふた閉め、検品を行うロボットです。これまで、手作業が主体だった工程をロボットが対応しています。

――食産業向けにロボットを開発するようになったのはなぜですか。

食産業からつらい労働をなくしたいと考えたからです。わたしは大学と大学院でロボットやコンピューターサイエンスについて学んだ後、知人の紹介をきっかけに、外食チェーンで新規出店や既存店舗の運営に携わりました。やりがいを感じた一方で、想像以上の激務に驚きました。

例えば、厨房《ちゅうぼう》での長時間労働や立ち仕事の多さです。仕事の厳しさから従業員がなかなか定着せず、人手不足が顕著でした。飲食店では、回転率の向上やコストの削減など利益に直結することが優先され、従業員の働きやすさにまでは手が回っていないと感じました。

1年で飲食業を挫折したわたしは、退職して再びロボットの世界に戻りました。米国の大学発ベンチャーで産業用ロボットを制御するソフトウエアの開発に従事し、2011年に独立しました。

当初の事業は飲食と関係ありませんでしたが、ロボットで食産業の労働環境を改善したいとは常々考えていました。特に、調理の工程には、単純であっても過酷な作業が多くあります。それらをロボットに任せれば、働く人に余力が生まれます。その分、新しいメニューの考案や来店客とのコミュニケーションなど、創造性や独自性を発揮できる業務に力を注げます。その結果、消費者に提供する料理やサービスの質が高まれば、食産業はさらに発展していくと思っていました。

そして、２０１７年にたこ焼きロボットを初めて開発しました。きっかけは、たまたま参加したホームパーティーです。たこ焼きをつくっていると多くの子どもが周りに集まりました。出来上がるまで興味津々にのぞき込み、完成後はおいしそうに食べてくれる。その姿を見てうれしくなったのと同時に、真夏の屋台でたこ焼きをつくるのは、さぞ大変だろうと思いました。たこ焼きロボットがあれば、見る側は楽しいし、つくる側からしてもつらい作業から解放される。そう考え、製品化しました。以来、飲食店向けと食品工場向けを合わせて、20種類近くの調理ロボットを開発してきました。

多様性に挑む

――食産業の現場にロボットを導入するに当たっては、どのようなことに苦労しましたか。

食産業は実にバラエティに富んでいます。例えば、食材には液体や固体、粉体などさまざまな形態があります。調理法や工程、設備、空間のレイアウトなども店や工場ごとに異なります。そのことがロボット開発に当たってのハードルになります。

総菜の「盛付ロボット」を開発した際には、食材の形状や種類が多様であるため、二つの問題が発生しました。一つ目は、密度や形が一定ではないことです。ポテトサラダがわかりやすいでしょう。スコップのようなロボットハンドですくい上げるのですが、毎回体積は同じでも、重量は違うかもしれません。また、一定の重さですくえたとしても、ハンドにこびりついて残る分があるため、最終的にトレーに置ける重さはすくったときと変わります。

二つ目は、一つの盛りつけラインで、ポテトサラダ、筑前煮、ひじき煮など、扱う総菜が頻繁に変わることです。まとまりやすさやハンドからの落ちやすさは総菜ごとに違います。それぞれの特性に合わせ、1台のロボットが複数種類の動きをできるようにしなければなりません。

工業品の製造ラインのように、扱う製品が固定して

ロボットがふんわりと盛りつける

いて、季節や時間帯による変化もなければ、こうした問題に直面することはほぼないでしょう。食産業ならではといえます。

――さまざまな問題にどう対処したのでしょうか。

盛付ロボットのケースでは、地道に実験を重ねてデータを集めました。そのうえで、どういった形や大きさのハンドが適切か、表面の素材には何がふさわしいか、自然にふんわりと盛りつけるにはどのように動かせばよいかなどを検討しました。

その結果、ハンドが総菜をつかむたびに重量を計測し、一定の範囲に収まらなかった場合は、すくい直すようプログラムを組むことにしました。いったん盛りつけた後も、総菜を落とし切れたかをハンドの重さから確認し、不十分なら振るい落とすようにしたのです。

食材ごとの特性に合わせて動きを変える

実験やデータ分析と併せて、機能の絞り込みも行いました。人が何げなくできることでも、ロボットに任せるのは簡単ではありません。工程のすべてを自動化するのは難しく、その時は人の手も借ります。実際に、二つ目の問題だった総菜の種類の変更には、工場で働く人にも協力してもらっています。

総菜の変化をロボットが自動で認識し、動きのモードを切り替えて対応することも考えられます。しかし、カメラを取りつけたり、複雑なアルゴリズムを組み込んだりすれば、開発に多くの時間やコストがかかります。そこで、総菜を変えるたびに、現場の従業員にタッチパネルを使ってモードを切り替えてもらうようにしました。

このように、何をどこまで自動化するか検討するに当たっては、発注者との綿密な連携が必要です。当社のエンジニアは現場を訪ね、仕事を体験させてもらいながら、従業員にヒアリングを行います。働く人の使いやすさを第一に考え、開発を進めるためです。

――機能の絞り込みは価格を抑えることにもつながりそうです。

従来、人手に頼ってきた企業に対してロボットの導入を勧めるには、価格も重要です。そこで、機能の絞り込みに加え、できる限り汎用品を使って開発し、製品の価格を抑えました。

わたしがソフトウエアを専門としていることもあり、当社はすでにあるロボットや部品を組み合わせたり改造したりしたうえで、上手に動かすプログラムの開発に力を注いでいます。

他方、ロボット業界で出会ったエンジニアの多くは、ハードウエアを専門としていて、ゼロからまったく新しいロボットをつくることに燃える傾向があると感じます。わたしのようなハードウエアを自ら開発することにこだわらないタイプのロボット好きは珍しいのですが、それが低価格化につながっていると思います。

――導入企業の反応はいかがですか。

従業員からは、「7、8人で行っていた作業を3人で回せるようになった」「別の作業にも携われるようになり、仕事の幅が広がった」などの声をいただいています。また、ソフトクリームやたこ焼きをつくるロボットを導入した飲食店によれば、家族連れを中心に店先で足をとめる人が増え、集客につながっているようです。

消費者の目に触れる飲食店向けのロボットを開発する際は、機能だけでなく見て楽しめる点も大事にしています。例えば、ソフトクリームロボットは動物や恐竜の姿をしていて、丸みのあるかわいらしいデザインになっています。小さな腕でソフトクリームをきれいに巻き、お客さまに手渡す際には、コミカルな声を出したり煙を吹いたりします。こうした工夫が、導入企業の業績アップに貢献しているのはうれしい限りです。

多彩な仲間と食産業を変える

――エンジニアや資金を集めるのは大変かと思います。

たこ焼きロボットを製品化する前に、ビジネスとしてどう評価されるかを探るため、ロボティクスがテーマの起業イベントに参加しました。発表した試作品は好評で、優勝することができました。これがロボットのエンジニアと出会うきっかけにもなりました。

その後も、ビジネスコンテストやアクセラレータ、国のイノベーター育成プロジェクトなどに積極的に参加したことが、経営資源の充実に役立ったと感じています。数カ月から半年という期間をかけて、多くの起業家や大企業のメンターなどとビジネスについて本気で議論するため、人脈も広がります。表彰された記事がメディアに取り上げられたことで、多くの人に知ってもらえました。一緒に働きたいという仲間や、支援したいという投資家、業務提携したいという企業などとつながりやすくなったと思います。

今では、海外から当社の求人に応募してくる人もいます。現在、エンジニアを中心に約40人の従業員が働いており、このうち9人は外国人です。英国、フランス、ブラジル、インドネシア、香港などさまざまな国や地域から応募が来ています。外国人メンバーによれば、ロボットを製造するスタートアップは、海外にはあまりないようです。自分でロボットの開発企業を探していて、当社の英語版のホームページにたどり着いたというケースが多いです。ロボットづくりのためにわざわざ来日するだけあって、とてもやる気に満ちあふれています。

資金面では、2018年に初期投資をいただいたことをきっかけに、2023年にはシリーズBとして約17億円を集めることができました。食産業をロボットで革新するという当社のビジョンに投資家や金融機関が共感してくれたのはもちろん、フードテックという分野に

かわいいソフトクリームロボット

対して世間の関心が高まっていることも、円滑に資金を調達できた理由だと思います。

――今後の展望を教えてください。

開発力には自信をもっていますが、その先の量産が課題であると考えています。そこで、他社と協力することにしました。2022年に入ってからは、生産能力の高い厨房機器メーカーや計量器メーカーなどと、業務提携しました。

食産業の人手不足の要因に、人口の減少を挙げる人がいます。ただ、仮に人口が増えたとしても、きつくてやりたくない仕事がたくさんあるという業界の現状を変えなければ、担い手不足は続くでしょう。高齢者や外国人労働者の活用を進めようといった声もよく聞きますが、きつい仕事の押しつけ合いになってはいけません。その点、ロボットの活用は、食産業の人手不足を根本的に解決するものといえます。

とはいえ、当社は人がいない飲食店や工場をつくろうとしているわけではありません。生き生きと仕事できる職場づくりこそが当社のミッションです。今後もさまざまな企業と連携し、食産業の現場に寄り添っていきたいです。

取材メモ

社長の沢登さんによれば、食産業のなかでも冷凍食品や調味料、保存食、お菓子などのメーカーでは、自動化が比較的進んでいたそうだ。しかし、同社がターゲットとする飲食店や、日販品といわれるその日に消費される食品をつくる工場では、なかなか進んでいなかった。主たる要因は、扱う食材が短時間で変わることをはじめとする多様性の高さである。一つの決まった動きをすることはできても、扱う素材や道具に変化があったときの応用が、ロボットは苦手なのだ。

ただ、食産業で働く人の大変さを知る沢登さんは諦めなかった。ロボットの専門家として再び食産業に戻ってきてから、着実に実績を積み重ね、多くの人の助けになっている。異なるバックグラウンドをもつ人が参入することで、食産業はまだまだ発展の余地があると感じた。

（山崎　敦史）

事例6

一人ひとりに最適な栄養を

ドリコス㈱

代表取締役　竹《たけ》　康宏《やすひろ》

企業概要

代 表 者：竹　康宏
創　　業：2012年
資 本 金：２億4,976万円
従業者数：19人
事業内容：オーダーメードサプリメントサーバーの開発
所 在 地：東京都文京区湯島3-7-7 オーシャンズファイブ５階
電話番号：050(3852)6871
U R L：https://dricos.jp

近年、ソフトウエアやハードウエアの進歩により、顧客の属性や行動履歴に基づいて最適な商品やサービスを提案するパーソナライズの手法が、マーケティングの分野で注目されている。ドリコス㈱は、利用者一人ひとりに対してそのときに必要な栄養を提供する、オーダーメードサプリメントサーバーを開発した。社長の竹康宏さんに開発の経緯や今後の展望をうかがった。

サプリメントのパーソナライズ

――事業内容を教えてください。

オーダーメードサプリメントサーバーを開発しています。脈拍などのヘルスデータや食事などの生活データから利用者に不足している栄養素を推算して、最適なサプリメントを配合するものです。飲み物に溶かしたり、食べ物に振りかけたりして摂取できるように、サプリメントを粉末状で提供します。いわばサプリメントのパーソナライズサービスです。サーバーには、家庭向けの「ｈｅａｌｔｈＳｅｒｖｅｒ」とスポーツジム向けの「ＧＲＡＮＤＥ」の2種類があります。

ｈｅａｌｔｈＳｅｒｖｅｒは家庭用のコーヒーメーカーほどの大きさです。上部のふたを開けると、プリンターのインクカートリッジを入れるようなスロットが7個あります。ビタミンＢ１やビタミンＣ、葉酸など11種類のカートリッジのなかから、利用者が好きなものを選んで装着します。

側面には生体センサーがあり、そこを両指で触れると、サーバーが脈を計測して自律神経の状態を分析し、自動でその人に適した栄養素を配合します。専用のスマートフォンアプリと連携させれば、さらに緻密な分析ができます。アプリには、年齢や性別、体重のほか、痩せたいとか筋肉をつけたいといった目標や食事内容などの生活データを入力します。

ＧＲＡＮＤＥは、高さが約１６０センチメートル、幅と奥行きがそれぞれ約50センチメートルと、オフィス向けのウォーターサーバーのような大きさです。本体中央部のセンサーに会員証をかざすと利用者を識別します。スポーツジムにある体組成計と連携し、体重や身長、体脂肪率、部位ごとの筋肉量などのデータを取得します。

利用者の目標や生活データなどは、本体の液晶画面から入力します。表示されるイラスト入りの質問に答えることで入力できるので簡単です。ｈｅａｌｔｈＳｅｒｖｅｒと同様にスマートフォンのアプリとも連携できます。

家庭用との違いは、ＳＮＳを通じて管理栄養士に食

家庭で使いやすいコンパクトな healthServer

生活を直接相談できることです。1日に2回まで提供を受けられる月額制で、選べる栄養素がそれぞれ11種類、16種類、22種類の三つのコースを用意しました。

──どのような経緯で開発したのですか。

初めからオーダーメードサプリメントサーバーをつくっていたわけではありません。創業した2012年当時、わたしは、大学院で半導体の集積化を研究していました。集積化が進むと、性能を維持したまま機械のサイズを小さくすることができます。人体への装着や埋め込みなどが可能になることから、研究者の間ではヘルスケアの分野での活用が期待されていました。腕時計型のウエアラブル端末が出始めたのがこの時期です。

また、消費のトレンドが、所有から経験や体験を重視する方向に変わっていた時期でもありました。半導体を活用したエレクトロニクスの分野でも、性能を高めるだけでは製品が売れなくなっていました。

ヘルスケアの分野で、体験価値を提供する事業を行いたい。そう考え、創業のテーマに掲げたのが、飲み物で生活を豊かにするということでした。誰もが毎日取る飲み物でイノベーションを起こせば、世の中に与える影響も大きいと思ったのです。

創業に当たっては、公益財団法人起業家支援財団の支援を受けました。そのための条件が、社会貢献度の高いビジネスをすることでした。わたしが着目したのは、環境省が行っていた、ペットボトルの削減を目的にマイボトルの利用を推進するプロジェクトです。これに合わせて、従量課金制の自動販売機を開発しました。利用者が必要な量の飲み物をマイボトルに補充するためのものです。

大学の生協に設置してもらうなど、順調に販売数を伸ばしていきました。ただ、売り上げの割には、手元に残る利益は多くありませんでした。飲料メーカーから生協に卸す商流のなかに割って入るビジネスなので、当社が得られるマージンが少ないのは当然といえます。

この反省をもとに、改めて飲み物で体験価値を与えられるビジネスを考え直しました。そして、思いついたのが、その人専用の飲み物です。

——ここで、パーソナライズサービスの発想が生まれたのですね。

大量生産される汎用品ではなく、自分専用の飲み物であれば、特別感を感じるはずです。当時、ウエアラブルデバイスや体組成計の登場により、体のデータを家庭でも簡単に取れるようになっていました。一方で、それらの情報を利用したサービスを提供している企業は、ほとんどありませんでした。

そこで、身体情報からその人にパーソナライズされた栄養ドリンクがつくれないかと考えたのです。幸運なことに、当社のインターン生の父にアンチエイジングやサプリメントを研究している著名な医師がいました。その医師に協力してもらい、年齢や体組成、脈拍といった情報から必要な栄養素を割り出すノウハウを確立し、サプリメントサーバーのアルゴリズムを完成させました。サプリメントは、粉末状で提供する方式を採用しました。飲み物だけではなく、調味料に混ぜるなど食べ物にも利用の幅を広げられるからです。

食にかかわる難しさ

――ハードウエアはどのように製造したのですか。

センサーやカートリッジ、ボディーといったパーツを組み合わせる必要があるので、複数の外注先が必要になります。しかし、試作を繰り返さなければならず、協力してくれるところはなかなかみつかりませんでした。

加えて、サプリメントサーバーという食品分野の製品だったことも、ハードルとなりました。万一、健康問題などが生じた際には、製造元まで責任を問われるリスクがあるからです。

そこで、海外にも目を向けました。すると驚くことに、中国の工場は、ほとんどの先で創業間もない当社をすんなり受けてくれたのです。その後、国内の大手飲料メーカーなど、食品分野のノウハウをもつ企業が興味をもってくれたのをきっかけに、原材料メーカーなどともつながりができ、事業は進展していきました。

――製造するうえで苦労したことを教えてください。

口に入れるものですから、衛生面での配慮や安全性の担保に気を配りました。

保健所や消費者庁、厚生労働省など、関連する省庁に足を運び、丁寧に説明しました。前例があるわけではなかったので、レンタルのオフィス向けコーヒーマシンなど似た製品の事例を引き合いに、粘り強く打ち合わせを重ねました。中国で製造した部品を輸入する際には、税関で食品衛生法の規格基準を満たす必

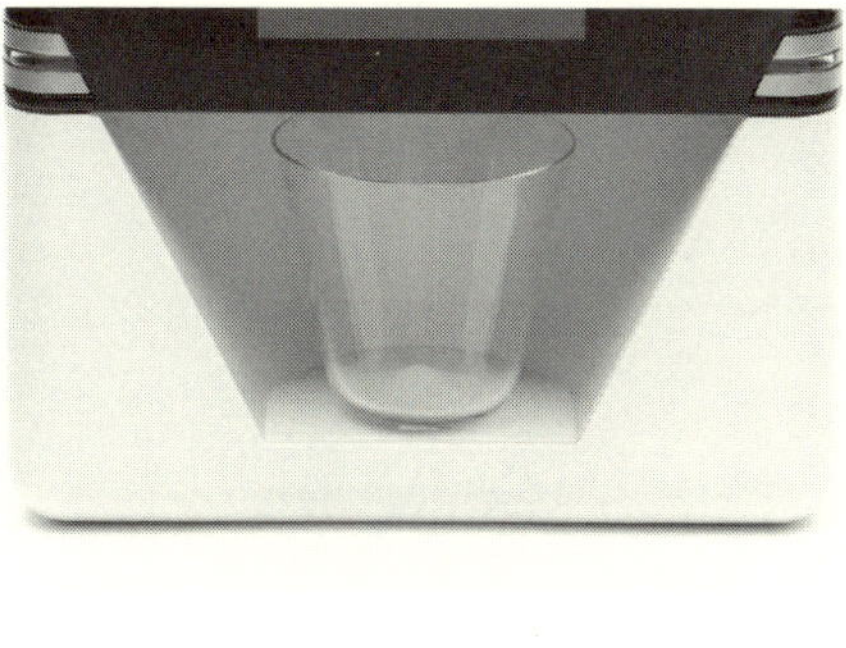

粉末状で提供されるサプリメント

要があります。その都度、必要な検査を受けたり、証明書を取得したりしました。こうしてｈｅａｌｔｈＳｅｒｖｅｒの完成にこぎ着けたのです。

――マーケティングはどのように進めたのですか。

まずは、実際に使ってもらうのが一番だと思い、近くの企業のオフィスで体験会を開催しました。反応は上々で、福利厚生として導入したいとの声も多く聞かれました。

また、クラウドファンディングにも挑戦しました。目標金額を３００万円に設定したところ、52日間で達成できました。先行予約販売というかたちで実施したので、正式なリリース前に手応えを確かめられて、自信につながりました。

情報発信も積極的に行いました。プレスリリースをみた大手百貨店から声がかかり、美容コーナーで取り扱ってもらえました。

新製品の開発も進めました。それが、女性に特化したサプリメントサーバー「ｆｅｍｓｅｒｖｅｒ」です。女性は生理周期やホルモンバランスの変化などをケアする必要があります。妊娠や出産などのライフイベントもあり、女性からは特有の悩みが多く寄せられました。それらを解消したいと考えたのです。

利用者の目標に寄り添う

――個人向けの製品が軌道に乗ってきたなかで、なぜスポーツジム向けのGRANDEを開発したのですか。

体験価値をより感じてもらえる顧客にアプローチするためです。サプリメントを毎日飲み続けるのは大変です。そのうえ、日々の生活データを入力するのは、それなりに手間がかかります。長続きする人ばかりではありませんでした。

それでも、ｈｅａｌｔｈＳｅｒｖｅｒやｆｅｍｓｅｒｖｅｒの利用者のなかには長続きする人もいます。痩せたい、肌をきれいにしたいといった明確な目標をもっている人です。そこで目をつけたのが、スポーツジムでした。体を鍛えるために、会費を払っている人たちこそ、オーダーメードサプリメントサーバーと親和性が高いと考えたのです。当社にとっても、１台を１人に使ってもらうより、複数人に使ってもらった方が、１台当たりのサプリメントの消費量が増えますから、収益率は上がります。

まずは、既存のｈｅａｌｔｈＳｅｒｖｅｒにタブレット端末を接続したものをスポーツジムに設置させてもらい、市場調査を行いました。利用者の様子をみて必要な機能を絞り込み、完成したのがＧＲＡＮＤＥです。自身の目標の達成度合いを確認し、トレーニング前後に不足している栄養素を取れると好評です。続けてもらいやすいように、目標とする体重や体脂肪率を達成するとシステム上でバッジが取得できるなど、ゲーム感覚で楽しめるように工夫しています。

なかには、1年間で会員の継続率が約3倍に高まったと喜んでくれたスポーツジムもあります。地方のスポーツジムから設置を始め、今では200店舗以上に取引先を増やすことができました。現在、売り上げの7～8割をスポーツジム向けが占めています。

大きな液晶画面で操作しやすいGRANDE

――今後の展望を教えてください。

二つあります。一つは、ヘルスデータをもとにパーソナライズするという当社のノウハウをほかの分野に活用することです。

ありがたいことに、最近は複数の大企業と資本業務提携する機会がありました。その多くでヘルスデータを活用しています。例えば、大手化粧品メーカーとは、香りのパーソナライズサービスを開発しました。脈拍から自律神経の状態を分析し、ストレスや疲れの度合いを確かめます。それをもとにその人専用のアロマを生成するディフューザーをつくったのです。食という健康に直結する分野で、利用者のヘルスデータを分析してきた当社だからこそ、ほかの分野でも生活を豊かにする手伝いができると考えています。

もう一つは、GRANDEのような多くの利用者が集まる拠点に設置する、いわゆるBtoBtoCのサービスをもっと展開していきたいと思っています。

例えば、介護施設です。体力の弱い高齢者は特に、食べるもの一つで健康を崩してしまうケースが少なくありません。データをもとにアラートを出すことができれば、それを食い止める手がかりとなるはずです。

サプリメントを1日取ったからといって何かが劇的に変わるということはありません。大切なのは最適なものを定期的に取り続けることです。当社の製品が健康維持や目標達成の手助けになれば幸いです。

取材メモ

社名のドリコスの由来は、ドリンクとコミュニケーションだという。創業時に掲げた飲み物で生活を豊かにするというテーマで思い浮かんだのが、コミュニケーションだった。年齢や性別によって必要な栄養素の目安はあるが、それがすべての人にとって最適とはいえない。そのときの健康状態にも左右される。状況に応じて必要な栄養素を的確に把握するのは難しい。オーダーメードサプリメントサーバーは、それを可視化することで自分自身との対話を深められるツールといえそうだ。

自分専用の栄養素の配合は、利用者の体験価値になる。わかりやすく伝えるため、簡単に操作できるよう設計している。利用者には、88歳の高齢者もいるという。続けやすい工夫は、食事から栄養を取るという生涯変わらない習慣を長い間サポートしていこうという姿勢の表れなのだ。

（篠崎　和也）

事例 7

国産ドローンが農家にゆとりをもたらす

㈱マゼックス

代表取締役社長　嶋田《しまだ》 亘克《のぶかつ》

企業概要

代 表 者：嶋田 亘克
創　　業：2009年
資 本 金：1,000万円
従業者数：18人
事業内容：産業用ドローンの製造販売
所 在 地：大阪府東大阪市川田4-3-16
電話番号：072(960)3221
U R L：https://mazex.jp

1ヘクタールに3時間。人が噴霧器を使って、田畑に農薬を散布するのに要する時間だ。一方、ドローンで行えば同じ作業を10分ほどで終えることができる。こうしたテクノロジーの活用により、農業を取り巻く環境は、大いに変わりつつある。

国産の農業用ドローンのメーカーである㈱マゼックスは、ものづくりの町である東大阪市から、全国の農家に向けて生産性向上の種をまいている。

防除作業の負担を軽減させる

――ドローンをつくっているとうかがいました。

主に農業や林業で使われるドローンを製造しています。ドローンとは、無線操縦できる無人航空機のことです。ECサイトや家電量販店で売っているため、目にしたことがある人も多いのではないでしょうか。最近は、趣味で人や景色を撮影して動画サイトにアップしたり、飛行そのものを楽しんだりする人が増えています。こうしたホビー用に比べるとなじみが薄いかもしれませんが、実は産業用も、さまざまな作業の省力化や効率化を助けるものとして普及しつつあります。当社は、農業向けには農薬を散布するドローンを、林業向けには苗木や植栽するための器具を運搬するドローンを、それぞれ2種類ずつ販売しています。

ラインアップのなかでも多数の引き合いがあるのが、農業用ドローンの「飛助《とびすけ》DX」です。価格は90万円ほどです。4枚のプロペラと噴霧ノズルをもち、機体の下部にタンクが備わっています。1回の充電で2ヘクタールの田畑を飛ぶことが可能で、1ヘクタール当たり、およそ10分という短い時間で農薬を散布できます。

――飛行したり、散布したりと操縦が大変そうです。

ドローンを飛ばしたことがなくても少し練習すれば、簡単にできます。操縦はリモコンで行います。2本のスティックを両手の親指で動かす、昔ながらのタイプです。ラジコンを操作したことがある人なら、すぐに慣れると思います。また、GPS（衛星利用測位システム）を利用したアシスト機能が安全な飛行をサポートします。農薬の散布は、飛行に合わせて自動で行うので初心者でも扱いやすいと思います。

農作物を虫や病気の被害から守る、いわゆる防除作業をドローンを使わずに行うと大変です。さまざまな機械がありますが、人が背負うタイプの噴霧器を使うと、1ヘクタールに約3時間かかります。広い田畑になると、トラクターに搭載するタイプの機械を使いますが、10ヘクタールで2日かかります。

背負うタイプの場合、重さも厄介です。噴霧器そのものの重量に加え、薬剤も入るので、10キログラムは

効率的に防除を行うドローン

優に超えてしまいます。しかも、舗装された道を歩くのとは違い、足元が整っていない田畑を移動するわけです。散布の途中で薬剤が無くなれば、歩いて補充しにいかなければなりません。防除作業にまつわるつらさは相当なものでしょう。

――無人ヘリコプターで散布するケースもあると聞きます。

確かに、こうした負担感を軽減するために農業用の無人ヘリコプターが誕生しました。1990年代ごろから徐々に利用が進み、農薬を散布するための機械として一般的なものになりました。今でも、広い田畑の防除に使われています。

しかし、無人ヘリコプターの価格は新品で1000万円以上します。加えて、ドローンに比べると操縦が難しい。こうしたことから、通常は機体をレンタル、あるいは農業組合や複数農家で共同購入し、専門の業者に散布作業を委託します。

ただ一方で、これだとまきたいときにまけないという問題が生じます。防除シーズンが往々にして重なるため、順番待ちが発生するのです。後の順番になるほど天候の影響で計画が後ろ倒しになるリスクも高くなります。その点、比較的安価で操縦しやすいドローンは、使い勝手が良いといえます。

日本の農地にフィットさせる

――なぜドローンの製造を始めたのでしょうか。

農業分野におけるドローンの有効性を感じたからです。実は、当社はホビー用のヘリコプターのラジコンに使う、カスタマイズ部品を販売していました。2代前の社長である創業者が趣味でパーツを組み上げて、よくカスタマイズしていました。顧客やラジコン仲間から、ドローンについての話題が出ることも多かったそうです。

そうしたなかで、農作物の防除に使えるドローンを扱っていないかという相談があったのです。農家の苦労や無人ヘリコプターをはじめとする既存の機械がもつ限界、ドローンを活用できる可能性などが、調べていくうちにわかりました。そこで、開発に着手したのです。

――ほかに競合はいなかったのでしょうか。

国内に競合はそれほどいませんでした。しかし、海外メーカー、特に中国や米国の大手数社が圧倒的なシェアをもっています。そのため、当社が新規参入しても、海外メーカーと同じようなドローンをつくったのでは、うまくいかないと考えました。

海外製品に目を向けると、プロペラが6枚や8枚と多数ついていて、大容量のタンクを搭載したものが主流でした。ある中国メーカーは、米国や欧州向けに多くの大型機を輸出しています。平坦《へいたん》で大規模な田畑に農薬を散布することを想定し、開発しているようです。1回の飛行で散布できる農薬の量に主眼を置いているため、機体が大きくなるのです。

それでも、無人ヘリコプターよりは安く、取り扱いも容易なため、国内でも購入する農家は多くいました。ただ、日本の農地にはフィットしていないと感じていました。


――日本の農地にはどのような特徴があるのでしょうか。


当社が着目した特徴は二つあります。一つは、小規模な田畑が多いことです。例えば、1軒の農家が経営する耕地面積の平均は、米国が約100ヘクタールもあるのに対し、日本は約3ヘクタールにとどまります。

もう一つは、中山間地域にも農地が広がっていることです。中山間地域の耕地面積は全体の約4割を占めるといわれています。こうした場所は、地形がいびつだったり、高低差が大きかったりします。まとまった一つの田畑がつくりにくく、点在するケースが多いのです。

――特徴を踏まえて、どのように製品を開発したのでしょうか。

小さな田畑を多数所有する農家をターゲットに決めました。狭くて点在する農地での使いやすさを追求し、二つのことに取り組みました。

一つは、機体をコンパクトにすることです。まず、バッテリーやタンクを小規模な農地に散布するのに最適な容量にしました。また、プロペラは４枚にしました。数が少ないほど、モーターなど付随する部品も減らせます。機体を小さくすることで、重量も減らせました。

ラインアップの一つに「飛助ｍｉｎｉ」という製品があります。軽トラックの助手席に乗るほどのサイズです。重量は、他社では10キログラムを超えるドローンが多いなか、６キログラムと、簡単に持ち運べます。農地を移動しながら作業を進めるのに、特にマッチした製品です。

もう一つは、すべてを機械任せにしないことです。

折り畳むとコンパクトに

飛行に当たっては、基本は操縦者が手動で行うようにしています。海外製品では、自動運転を売りにするものも少なくないのですが、現状では、中山間地域の田畑にはうまく合っていません。なぜなら、自動運転を支えるセンサーが、田畑に隣接する林や地面の起伏には対応できないことがあるからです。地形の特徴を詳しく把握している人の手で操縦した方が、自動運転よりも安全なのです。

一方で、真っすぐ飛べるように進路を補正する、風で体勢が崩れたときに立て直すなど、安全にかかわる機能は自動化しました。中山間地域でもしっかりとＧＰＳによるアシスト機能を発揮できるように、アンテナにはこだわっています。深い山の中でも問題なく使えることをチェックするため、当社のすぐ近くにある生駒山で１００項目以上にわたる点検や、試験飛行を行っています。

協力先を増やしてアフターサービスを充実させる

――新しい製品をどのように売り込んでいったのでしょうか。

価格の低さは大きな強みになっています。省力化や効率化にどれだけ効果があるとアピールしても、価格が高ければ小規模な農家には負担が大きいでしょう。

その点、機体のコンパクト化は、海外メーカーとの差別化や低価格の実現につながりました。加えて、ラインアップで共通する部品をまとめて購入することでも、コストダウンを図っています。海外メーカーも同程度のタンク容量の機体を売っていますが、それらよりも求めやすい価格になっています。

さらに、長く安心して使ってもらうための工夫もしています。全国にユーザーの窓口となる販売店や特約店を設けました。農機具を販売する会社やドローン教習所など、１００以上の店舗が協力してくれています。

販売店は、当社から製品を仕入れ、特約店へ販売したり、一部には整備を行ったりする役割を担っています。そして、特約店が実際のユーザーである農家に販売します。こうした販売網が日本の各地にあれば、困ったときに近くの店舗にすぐ相談でき、安心につながるでしょう。また、ドローンを飛ばすためには行政への届け出が必要です。申請は慣れていないと難しいため、行政書士と提携し、希望があれば代行するようにしています。

アフターフォローまで配慮することで、ドローンを購入する際のハードルを押し下げています。こうした取り組みの甲斐《かい》もあって、ドローンの販売に力を入れだした２０１７年に比べて、売り上げは5倍に伸びました。累計の販売台数は、1900台以上です。いまや、日本での農業用ドローンにおける当社のシェアは17パーセントほどで、国内勢ではトップとなりました。

お客さまからは、「短時間で防除が終わり、自由な時間が増えた」「年々体力が落ち、作付面積を維持できるか不安だったが、ドローンのおかげでまだがんばれそうだ」といった喜びの声をいただいており、当社の励みになっています。

――大きく成長したのですね。今後の展望を教えてください。

サプライチェーンの見直しを検討しています。当社は多くの部品を海外の工場に委託して生産していますが、新型コロナウイルスの感染拡大により、海外の仕入先で生産が止まり、一時的に部品供給が不安定になりました。最近では為替レートが円安になった影響で、仕入コストが大きく上昇しました。

こうした影響を減らそうと、重要な部品の一つである、フライトコントローラーと呼ばれる装置を内製化すべく、研究を進めています。これまでは創業者や家族だけで開発を進めてきましたが、大手の電機メーカーの出身者を新たに招き、開発能力の底上げを図りました。

また、海外展開も考えています。日本に多くみられるような、狭く、点在する農地を経営する農家は、海外にもいるはずです。当社のドローンは、海外でも需要があると思っています。今後も、食を支える農家の苦労を、少しでも軽くする製品をつくり続けていきます。

取材メモ

事務所にうかがうと、出荷前の機体が並んでいた。持たせてもらった飛助miniは想像以上に軽量で、コンパクトだった。大型機が主流だったなかで、同社は日本の農地の特徴に合わせた、小型機という選択肢を提供し、シェアを拡大していった。米や野菜が食卓に並ぶ背景には、当然ながら農家の生産活動がある。それぞれの農地に適したドローンが広まり、大きな負担となっていた防除作業を無理なく行えることは、農家の高齢化が進む日本においては、なおのこと欠かせなくなるだろう。

取材の終わりに、社長の嶋田亘克さんは「ドローンという物ではなく、負担がなくなるという価値を売っている」と話した。優れた製品にばかり目がいっていたが、改めて考えさせられた。ドローンを使いこなせば、時間に余裕が生まれる。その時間は、新たな作付けの計画や6次産業化といった今後のビジネスを構想したり、はたまた家族とのだんらんに費やしたりと、自由に使える。省力化や効率化にとどまらない、大きな価値が秘められているといえる。

（西山　聡志）

事例 8

冷凍の技術で食品流通のあり方を変える

デイブレイク㈱

代表取締役社長 CEO 木下《きのした》 昌之《まさゆき》

企業概要

代 表 者：木下 昌之
創　　業：2013年
資 本 金：8,400万円
従業者数：60人
事業内容：特殊冷凍ソリューション事業
所 在 地：東京都品川区東品川2-6-4　G１ビル３F
電話番号：03(6453)7357
U R L：https://www.d-break.co.jp

多くの食品は冷凍すれば長持ちし、保存や輸送は容易になる。一方で、味や食感が変わってしまうことも少なくない。

東京都品川区にあるデイブレイク㈱は、とれたての鮮度や出来たてのおいしさを維持したまま流通させるために、特殊冷凍機を開発した。解凍後も品質を損なわないという同社の冷凍技術は、食品業界にどのような変革をもたらすのだろうか。

おいしいをそのままに

――事業内容にある「特殊冷凍」とはどのような技術ですか。

従来の急速冷凍技術を進化させた、食材の品質を落とさずに凍結や解凍ができる独自の技術で、長期保存も可能です。当社はこの特殊冷凍技術を軸に三つの事業を展開しています。

一つ目は特殊冷凍機「アートロックフリーザー」の販売です。国内外で700社を超える企業から受注をいただきました。主な導入先は、飲食店やスーパー、食品工場などです。

二つ目は特殊冷凍に関するコンサルティング事業です。機械を売って終わりではなく、導入企業が十分に使いこなせるようになるまでサポートします。

三つ目は冷凍食品の流通支援です。冷凍に関する幅広い知識やノウハウを生かして、特殊冷凍機の導入企業と冷凍食品を共同開発し、特殊冷凍食材「アートロックフード」というブランドを展開しています。カットフルーツやスムージーキット、生の魚や貝、すしや弁当など、幅広い商品を取り扱っており、自社の通販サイトのほか、大手スーパーや百貨店などの冷凍食品コーナーで販売しています。

――品質を保つ冷凍とは、具体的にどういう技術なのでしょうか。

食材を素早く効率よく冷やすことで、食材を構成する細胞へのダメージを抑える技術です。冷凍すると、細胞も凍結します。細胞内部では水が凝固して氷晶、つまり氷の結晶ができますが、実は凍結の速度によってその大きさが変わります。

遅いと氷晶が大きくなり、細胞膜を破壊してしまいます。その結果、解凍したときにうま味などを含んだ成分が流出し、品質が劣化してしまうのです。逆に、素早く凍結するほど氷晶は細かくなります。細胞膜さえ破壊させなければ、解凍後も品質を維持できるわけです。

そこまで氷晶を細かくするには、従来の急速冷凍機より冷やす効率を高める必要があります。アートロックフリーザーは、マイナス35度以下の冷気を複数のファンを使って満遍なく食材に当てるようにすることで実現しました。

また、冷凍機の能力だけではなく、その使い方にも工夫が必要です。肉、天ぷら、すし、ケーキなど、大抵の食材や食品を冷凍できるものの、水分や油分の量、サイズなどさまざまなパラメーターを考慮し、冷凍方法を調整する必要があるからです。

これは、何度も実験し、対象に適した冷凍方法を探すしかありません。例えば、どら焼きを冷凍したとき、餡《あん》よりも生地の方が凍結しにくいということには、従来わたしたちがもっていたイメージと異なり、驚きました。こうして積み重ねた知見の有無も、冷凍時の品質に大きな差を生みます。

また、解凍の仕方も食材によって異なります。この食材ならこの方法という絶対の解がないため、食べておいしいと感じられるような解凍方法を追求し、エビデンスを得ることも大切です。

――だからコンサルティングが必要なのですね。

そうです。取り扱う食品に最適な冷凍方法や解凍方法について、冷凍機の設定条件や周辺環境など、細かな情報を収集し整理するのはとても根気の要る作業です。

もちろん、導入企業が独自に研究することもできます。むしろそれが理想です。しかし実際のところ、考え方やアプローチ方法といったノウハウを十分にもつケースは少ない。手間も時間もかかるため、導入企業だけでは限界があります。

そこで当社は、コンサルティングの一環として、「デイブレイクファミリー会」という冷凍ビジネスのコミュニティを運営しています。導入企業で構成されており、当社の従業員も一緒になって、アートロックフリーザーの活用方法を研究したり、特殊冷凍に関する事例を共有したりしています。会員間での商談会を行うこともあります。

攻めと守りの冷凍

——特殊冷凍事業を始める前はどんな仕事をしていたのでしょうか。

実家が経営する冷凍設備工事会社に勤めていました。業歴80年ほどで、従業員5人程度の小さな会社です。主な事業は業務用冷凍機やショーケースなどの工事とメンテナンスです。わたしは専務兼施工管理士として、官公庁や学校などの工事を担当しました。ただ、成熟した業界で、同じような企業はほかにも多く、自分でなくてもよいのではないかと、仕事に物足りなさを抱いていました。

変化のきっかけは、30歳のときに旅行で訪れたタイでの経験でした。露店に並ぶマンゴスチンという果物を食べたときのことです。こんなにみずみずしくてうまいものがあるのかと驚くとともに、鮮度の問題から廃棄も多く、日本ではほとんど手に入らないことを残念に思いました。そこでふと、「この鮮度をロックできたら、どこでも同じものが食べられるのではないか」と考えたのです。

高品質な冷凍技術が普及し、鮮度を長く維持できるようになれば、食品流通のあり方が変わります。食品業界の利益率の改善やフードロス削減にもつながるでしょう。これまでの経験を生かしながら社会貢献ができる。そう考え、２０１３年に当社を立ち上げました。

まずは急速冷凍機の代理店事業を始めました。ただ当時は、各メーカーの製品を比較し、提案するような企業はありませんでした。そこで、当社が急速冷凍機を必要とする企業の窓口として、営業活動を担うことにしたのです。冷凍に関する情報をまとめたウェブサイトも独自に制作しました。これも、おそらく業界初の取り組みだったと思います。当社に冷凍機の性能や冷凍技術、販売に関する知識やノウハウがあるのは、代理店としての経験があるからです。

――最初からメーカーだったわけではないのですね。

はい。当社が独自開発した冷凍機の販売を始めたのは２０２１年のことです。それまでは代理店業務の一環で、取引先の声や社内での研究をもとに、メーカーに対して改善提案を行っていました。

耳を傾けてくれる企業もありましたが、開発コストの高さなどから、後ろ向きな反応をされることもよくありました。ほかがやらないのなら自分でやるしかない。顧客のニーズに応えたい一心で、自ら冷凍機の開発に乗り出すことにしたのです。

――アートロックフリーザーは食品業界にどのような影響を与えたのでしょうか。

食品業界の生産性の向上です。そのために大事なのは、「攻めの冷凍」と「守りの冷凍」という考え方です。

前者は新たな売り上げの創出を意味します。

アートロックフリーザーで特殊冷凍すると、多くの食材は３カ月から半年ほど保存できます。そうすると、海外を含む遠方への輸送に、飛行機ではなく船舶を利用できるようになります。物流コストを大幅に削減できるので、企業は海外にも販売しやすくなるでしょう。

ほかにも、飲食店がテイクアウトや無人販売などに進出したり、季節性のある商品でも生産者や小売店が通年で扱えるようになったりと、販売の可能性を広げ

特殊冷凍機「アートロックフリーザー」

られるわけです。

また、冷凍機は常に稼働しているわけではありません。その遊休時間に、ＯＥＭで特殊冷凍食材をつくってもらっています。これがアートロックフード事業です。顧客は機械の稼働率を上げることができますし、当社は自前の食品加工の工場をもたずに自社ブランドの商品を量産することができます。

一方の守りの冷凍は、オペレーションの改善を意味します。

仕入れた食材が余って傷むと、多くの場合、廃棄するしかないでしょう。しかし、あらかじめ特殊冷凍しておけば、フードロスはかなり減らせます。結果、利益率を大幅に改善できるのです。

また、生産工程の繁閑の波を減らせるようになります。例えば、弁当販売店に大量の注文が入り、通常なら当日の早朝から準備しないと間に合わないとします。それでも、あらかじめ途中まで仕込んだ具材を特殊冷凍で保存できるなら、作業負担を複数日に分散することができます。早朝のつらい労働がなくなるだけではなく、一度に集めなければならない人数も少なくて済むので、人手不足を緩和できます。こうして業務量を平準化することで、生産性は上がります。

冷凍で増える選択肢

――特徴的な活用事例を教えてください。

あるウナギ料理店は、品質の標準化と省力化、業務量の平準化を実現しました。導入前は、店内調理型の飲食店で、繁忙期に人手が不足し、機会損失が生じていました。導入後は、あらかじめ調理した料理を特殊冷凍して活用することで克服しました。ウナギのかば焼きでも、出来たての品質を保持して冷凍することで活用の幅が広がったのです。

同店は販売手法も広げました。テイクアウト専門店を出したのです。3・5坪の狭い店舗にあるのは、特殊冷凍したウナギ料理と蒸し器のみです。いわゆる料理人は常駐していません。それでも手順どおりに蒸すだけで、専門店で出すものと同じくらいふっくらしたウナギを提供できます。このビジネスモデルなら出店時のコストやリスクを抑えつつ、出店後の利益率も高めることができるはずです。

また、ある水産仲卸業者は食品加工や飲食店に業容を拡大しました。導入前は、季節や天候によって仕入れ価格が大きく変動するため、利益率が安定しませんでした。導入後は、前処理から保管、解凍方法に至るまで、特殊冷凍の活用術を徹底的に研究したそうです。さばきたての鮮魚に限らず、野菜や調理済みの食材も特殊冷凍して業務用に販売するようになり、安定して収益をあげられるようになりました。

その後、冷凍食品のみを扱う飲食店も出しました。調理に使うのは、電子レンジ、フライヤー、流水解凍機です。低コストかつ短時間で提供できます。職人が握ったすしを特殊冷凍しておいて、注文が入ると解凍して提供するという画期的なオペレーションを構築しました。

さまざまな料理を特殊冷凍

――すでに業界に変化が起きていますね。今後の展望を教えてください。

最近、アートロックフリーザーのＩｏＴ化に着手しました。利便性向上とアートロックフード普及のためです。利用状況や周辺環境などさまざまな情報を数値化して読み込み、データを蓄積するようにしました。今後は、誤操作があっても、機械が自動で修正してくれるようになります。

また、導入企業が増えるほど、当社には冷凍食品に関するより多くの情報が集まります。いずれは、生産依頼元と生産依頼先を結ぶプラットフォームビジネスもできるようになるでしょう。そうなれば、加工工場をもたずに、あたかも一つの大きな冷凍食品メーカーのような体制をつくることができます。その実現を目指して、今はアートロックフードのバリエーションと納入先を増やしていくことに力を注いでいます。

当社とファミリー会のメンバーが一丸となり、食品業界の新たな未来をつくっていきたいと考えています。

取材メモ

同社は、特殊冷凍した食材の品質チェックにも力を入れている。マダイは特殊冷凍した方が生で食べるよりもおいしく感じる。そんな気づきから専門機関で味を分析したところ、実際にうま味やコクを表す数値の上昇を確認した。また、食感に関する研究では、生産者と協力してエサの配合や冷凍の仕方などのオペレーションを見直し、解凍後もさばきたてと同様の食感を保てる方法を確立した。小さな気づきや地道なデータの積み重ねが、同社の冷凍技術やノウハウを進化させ、冷凍食品の可能性を広げている。

冷凍すればフードロスは削減できる。しかし、同社にとってそれは取り組みの過程にすぎない。「革命児たれ」。この言葉を社是の一つに掲げる同社は、食にまつわる課題を乗り越え、業界を絶えず革新していく。特殊冷凍の先には、いつでもどこでも食をおいしく楽しめるという、温かな社会が待っている。

（池上　晃太郎）

事例 9

小さな植物工場がつくる 都会の農業

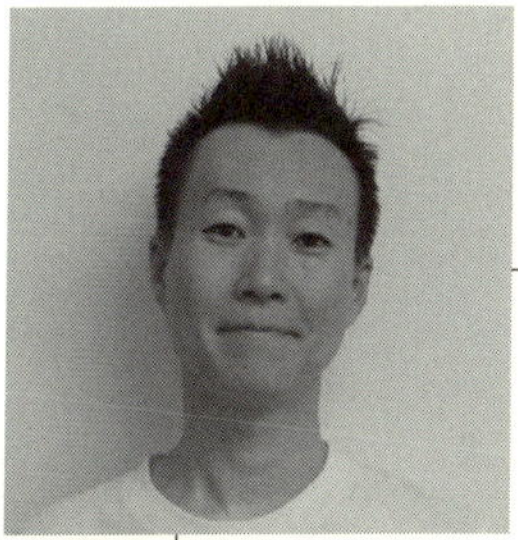

スパイスキューブ㈱

代表取締役　須貝《すがい》　翼《つばさ》

企業概要

代 表 者：須貝　翼
創　　業：2018年
資 本 金：100万円
従業者数：５人
事業内容：植物工場の事業化支援、農業装置設計開発
所 在 地：大阪府大阪市西区新町2-11-15-6F
電話番号：06(7176)8705
Ｕ Ｒ Ｌ：https://www.spicecube.biz

深刻な人手不足などを背景に、近年、農業の「工業化」が進んでいる。植物工場は、その象徴の一つであろう。しかし、先進的で華々しいイメージとは裏腹に、苦戦するケースも少なくないと聞く。

大阪市西区のスパイスキューブ㈱は、従来の植物工場とはひと味違う新機軸を打ち出している。同社が提示するのは、どのような解なのか。社長の須貝翼さんに話をうかがった。

失敗を糧に創業

――植物工場とはどういったものですか。

簡単に説明すると、電気と水で野菜を育てる施設です。完全人工光型、太陽光利用型、併用型の3種類があり、当社が手がけるのは完全人工光型です。照明や室温、二酸化炭素濃度などを制御して、野菜の生育に適した環境をつくり出します。

当社は植物工場の設計や使用する装置の開発だけでなく、事業化の支援も行っています。これまで約60社に対応してきました。自社でも大阪や兵庫に3カ所の植物工場を運営しています。生産と流通は、わたしが別に経営するデリファーム㈱が担っており、約200店の飲食店に野菜を販売しています。

――農業経験はあったのですか。

はい。きっかけは、里山再生のボランティアに参加し、間伐材でシイタケを育てたことです。食べ物をつくり出せるという農業の魅力に取りつかれました。仕事を2カ月ほど休んでトマト農家に弟子入りしたこともあります。いつしか、自他ともに認める農業オタクになっていました。

あるとき、勤務先で新規事業を考える公募があり、植物工場を提案しました。農業や食とはかかわりのない会社でしたが、企画が通り、数億円をかけた植物工場が完成しました。ところが、いざ稼働を始めたところ、大きな問題にぶつかりました。

まず、重い償却負担です。黒字化するには相応の売り上げが必要です。ただ、植物工場産を専門とする商流はなく、大量の野菜をさばくには、露地栽培産が中心の既存の商流に乗せる必要がありました。ここで問題になったのが、販売価格です。

植物工場は、露地栽培と比べて、安定した生産量や価格を実現できます。雑菌による傷みが少なく、野菜が長持ちするほか、農薬を使わないので、安心して食べられますし、洗う手間もほとんどかかりません。た

土壌がない環境で育つ野菜

だ、農協をはじめとする既存のバイヤーによれば、露地栽培の野菜と見た目は変わらないため、利点は理解できても露地栽培産との価格差はつけづらいとのことでした。付加価値を販売価格に十分上乗せすることが難しく、割に合わなかったのです。

たくさん売らなければ投資が回収できない。しかし、つくればつくるほど赤字になる。その結果、心を込めてつくった野菜を廃棄処分せざるを得ませんでした。とても悔しくて悲しい思いをしました。

――一度失敗した植物工場で創業するのはとても勇気が必要ですね。

農業の不確実性に対処する鍵が植物工場だと確信していたからです。

これまでの農業は、悪天候や害虫などの影響で、収入が大きく減ることがありました。不安定な産業に、若者は就労したいと思うでしょうか。担い手の高齢化が進むなか、積年の課題である食料自給率の改善を図ることはできるでしょうか。わたしにはそうは思えませんでした。

他方、完全人工光型の植物工場は、自然環境に左右されません。労働者も、通年で安定した仕事を確保できるうえ、制御された衛生的な環境で働けます。既存の農業と比べ、経営環境も労働環境も劇的に改善できるのです。先の失敗要因である償却負担と販売価格の問題を解決し、植物工場の可能性を世の中に示したいと考えました。

小さくすることが突破口に

――どういった解決策を用意したのでしょうか。

植物工場の小規模化です。以前は、スケールメリットを追求するため、大きな工場を建てました。しかし、それではうまくいきませんでした。逆に初期投資額を抑えれば、償却負担が軽くなり、ランニングコストも抑えられます。採算点となる生産量が少なくて済むのです。

生産量を減らすことで、もう一つの課題である適正な販売価格の実現につながります。植物工場産の付加価値を反映した価格で、かつ大量の野菜を扱えるバイヤーを探すことは困難ですが、量が少なければどうでしょうか。バイヤーに頼らず、付加価値を理解してくれる飲食店や消費者を自力で探し出し、野菜をさばき切れると考えました。

解決策がみえてきたとはいえ、勤め人として一度失敗し、会社に迷惑をかけた事業です。再チャレンジのためには起業するしかないと決心し、入念に準備を進めました。

まず、大阪産業局が運営する起業プログラム「立志庵」に参加し、専門家の力を借りてビジネスモデルや事業計画を練り直しました。当時は自ら植物工場を運営するだけの資本がなく、何より小規模化するとなると、単体では事業として成立させにくいと考えました。そこで、植物工場の事業化支援と運営の2本柱で起業することにしました。それなら、工場の建設から野菜の販売に至るまで、すべての工程を当事者として体験しているという強みを最大限生かせます。自社での植物工場の運営は、実験規模から始めました。

また、植物工場について徹底的に学び直しました。完全人工光型の植物工場に強い大阪府立大学（現・大阪公立大学）に通い、野菜の選定からLED照明の設計に至るまで、あらゆることを研究しました。こうして約2年間の準備を経て、設立したのが当社です。

――小規模というと、具体的にどのくらいの大きさなのでしょうか。

業界では500平方メートル以上の植物工場が大半を占めるといわれていますが、当社は200平方メートル以下のものに特化しています。

一般に、植物工場は装置産業といわれ、スケールメリットが働きやすい傾向にあります。資本力がものをいうので、運営者をみると、大企業や地場の優良企業ばかりです。

他方、これまでの農業は、個人や中小企業規模の農家が中心となって手がけてきました。

植物工場の担い手の裾野を、日本の企業の99・7パーセントを占める中小企業に広げることができれば、高齢化や後継者不足など農業を取り巻く問題の解決につながる。そう考え、支援先の主なターゲットは中小企業にしました。

中小企業が参入しやすいよう、単に小規模化するだけではなく、植物工場を構成する資材について徹底的なコストダウンを図り、採算ラインをできる限り引き下げました。例えば、養液用のタンクやパイプなど、大半は安価な既製品を使用しています。植物の生育に重要な影響を与える照明器具などについては、自ら設計し製造を委託しました。そうして、必要最低限の資材で、規模に応じて柔軟に設計できる小規模植物工場をつくり上げました。

そのうえで、育てられる野菜を探しました。設備に野菜を合わせたのです。400種もの野菜で検証を行い、クリスピーレタスやレッドソレルなど10種程度を選定しました。もちろん、採算性も考慮しました。飲食店などのプロが欲しがる希少な野菜を選ぶことで、販売における競合が少なくなりますし、適正な価格を設定しやすくなると考えました。

――次の課題はオペレーションと販路の確保になりそうです。

農業経験がなくても運営できるよう、業務手順や植物工場に関する知識をまとめた120ページのマニュアルを作成しました。マニュアルを渡して終わりではなく、当社のスタッフが、植物工場コンサルタントとして運営計画の策定や従業員教育などを現地でサポートします。

販路の確保についてもできる限り支援します。具体的には、支援先と一緒に飲食店を営業して回ります。アナログな方法ではありますが、どのようなメニューがあって、どういった客層のお店が興味をもってくれやすいかなどを、営業活動をともにすることで伝えています。

また、デリファーム㈱が事業として成り立つ規模の植物工場を運営できるようになった今では、さらに一歩進んだ支援を行っています。支援先で販路開拓が難航し、野菜が余ってしまうことがあります。そのときは、デリファーム㈱が買い取ります。同社が運営する植物工場で生産した野菜とともに、同社の取引先である飲食

収穫直後にサラダパックをつくる

店に販売するのです。

同社では、複数の野菜を組み合わせたサラダパックの加工も請け負っています。土壌や農薬を使っていないので、ほとんどそのまま使えます。飲食店としては調理にかかる労力を省くことができます。植物工場産という以上の付加価値をつけることができたため、市場価格が1キログラム当たり８００円の野菜を、４,０００円で販売できています。

通常、植物工場のプラントメーカーは、導入企業の販路の確保までは関与しません。しかし、取引先をみつけられなければ、わたしが経験したように、野菜を捨てるというつらい思いをすることになります。また、わたしたちの植物工場は取引先の希望に合わせて、育てる野菜の種類や量を変えることができます。育てる野菜に応じて、工場内での作業内容も若干変わることから、当社ではオペレーションと販路の確保をセットで支援しているのです。

都会から始める農業革新

――小規模になったことで、さまざまな場所に植物工場を設置できるようになりますね。

わたしたちは、自社工場を地域や規模を変えながら運営してきました。特に規模の面にはこだわりました。1坪という極小規模から実証を行ったのです。経験上、植物工場単体の事業でも、約60平方メートルの規模で採算がとれると考えています。設備投資の負担は2,000万円程度です。

これぐらいの規模であれば、さまざまな可能性が生まれます。実際、デリファーム㈱ではマンションの1階にある病院やコインランドリーの跡地のような都市部の物件に、植物工場を設置しています。大規模な工場では、家賃や地代が手ごろな郊外を選ばざるを得ませんでした。都市部なら、人手も確保しやすいですし、野菜の販売先となる飲食店も多くあります。担い手も多様化できます。不動産賃貸業者が空き店舗を利用して植物工場を運営したり、製造業者が工場の一角で運営したりすることも可能です。企業が多角化の一環として農業に進出しやすくなったのです。

また、植物工場単体での収支がすべてではありません。レストランやデパートなどでインテリアを兼ねた生産施設としても利用されています。生産施設という枠組みを超え、集客施設にもなり得るのです。小さくても植物工場ですから、規模当たりの生産能力は高く、収穫した野菜はもちろん食べられます。

――今後の展望を教えてください。

都会に人が集まる状態が続くのであれば、地方の家族経営から都会の企業経営に農業の主体を広げていくことが必要でしょう。その実現に、小さな植物工場は役立つはずです。都会の企業が農業をすることにより、わが国の食料自給率の改善が図られる。これが、当社の目指す未来です。

そのためには、植物工場の知名度を高める必要があります。そこで、２０２５年開催の大阪万博に出展したいと考えています。ＬＥＤに照らされた野菜は、インテリアのように美しいと思いませんか。植物工場で水族館にあるトンネル水槽のような通路をつくってみたら喜ばれるだろうと構想しています。楽しさのなかで食の未来について考えたり、語り合ったりする空間を実現したいです。

取材メモ

植物工場は、農業の不確実性を下げ、生産性を高めた。しかし、隘路《あいろ》はその先にあった。何をつくり、誰に、いくらで売るか。この選択を間違えると、事業はうまくいかない。壁にぶつかった多くの企業は、スケールメリットを追求した。須貝さんも一度はその道を選び、辛酸をなめた。そこでたどり着いたのは、小規模化という逆転の発想だった。家族経営の農家でも、資本力のある大企業でもなく、中小企業による運営という第三の道を示す。

テクノロジーはときに不可能を可能にするが、万能ではない。その力をうまく引き出すには、構想力ともいうべき、事業の仕組みを描き出す力が必要だ。同社の名にある「スパイス」には、周りに刺激を与える存在でありたいとの思いが込められている。必要とされるのに、参入も黒字化も難しい。植物工場の二律背反を解くためのスパイスは、この構想力だったのだろう。

（中野　雅貴）

事例 10

本物の肉を超える植物肉を

グリーンカルチャー㈱

代表取締役 CEO **金田《かねだ》 郷史《さとし》**

企業概要

代 表 者：金田 郷史
創　　業：2011年
資 本 金：１億円
従業者数：10人
事業内容：プラントベース食品の開発、製造販売
所 在 地：埼玉県三郷市鷹野2-480-2
電話番号：048(960)0426
Ｕ Ｒ Ｌ：https://greenculture.co.jp

　グリーンカルチャー㈱は、動物性の原材料を使っていない植物肉などの食品の開発や製造販売を行っている。社長の金田郷史さんは、植物肉には健康や環境に優しいというメリットがある一方、本物の肉と比べて味が落ちるというイメージがあることに問題意識をもっていた。「肉が食べられないから仕方なく」ではなく、「おいしいから」選んでもらえる植物肉を目指し、開発を続ける同社の取り組みをうかがった。

味を数値化しておいしさを実証

――事業内容を教えてください。

プラントベース食品を開発しています。植物性の原材料でできた食品のことで、一般に、健康や宗教上の理由で肉や魚を食べない人や、ベジタリアン、ビーガン向けに販売されているものです。当社では「Green《グリーン》 Meat《ミート》」というオリジナルの植物肉をはじめ、ハンバーグや餃子《ぎょうざ》、酢豚などの加工食品も手がけています。通販サイトでは、他社が開発した食品も取り扱っており、調味料や飲料を含めると、アイテムの数は900を超えます。
もとは個人向けに販売していましたが、ホテルやレストランから業務用に使いたいとの相談を受け、卸売りも行うようになりました。

――Green Meatとはどのようなものですか。

2021年に販売を開始したミンチ状の植物肉で、主な原材料は大豆とエンドウ豆です。見た目を畜肉に近づけるため、ビーツの搾り汁を乾燥させた粉末を添加し、赤みを出しています。実際に、牛ひき肉にそっくりだと驚かれます。

すでに世間では、海外製、国内製を問わず、さまざまな植物性の代替肉が流通しています。有名なのは大豆ミートでしょう。これは大豆を搾って油分と水分を取り除いた、脱脂大豆からできています。こうした従来の代替肉のなかには、元の素材の風味が残っていたり、ぱさつきが強かったりするものもあります。そのため、肉の代わりとするには味や食感が物足りないというイメージをもつ人もいます。

他方、Ｇｒｅｅｎ Ｍｅａｔは、大豆やエンドウ豆から、風味を残さずタンパク質を抽出し、10種類以上の植物性の材料を混ぜ合わせてつくります。開発後、展示会に持ち込んだところ、試食した人たちからは「見た目も食感もまるで本物の肉のようだ」と好評でした。

ただ、これだけでは主観にすぎません。そこでおいしさを客観的に示したいと考え、外部の専門機関に味を数値化してもらうことにしました。口に入れて感じ

牛ひき肉のような見た目が特徴

るうま味、塩味、苦み、飲み込んだときに口に残る後味などの5項目で評価してもらったところ、Ｇｒｅｅｎ Ｍｅａｔは牛肉、豚肉、鶏肉の平均に近い数値を示すことがわかりました。つまり、味付け次第でどの肉の代わりとしても使えることが明らかになったわけです。

――畜肉さながらの見た目や味、食感なのですね。それ以外には、どのような特徴がありますか。

代替肉のなかには乾燥状態で売っているものが多く、普通は水で戻して使いますが、その手間がかからないのも特徴です。冷凍で販売しており、解凍してハンバーグの種にしたり、炒めてそぼろにしたりと、畜肉と同じ感覚で使えます。一般的なレシピ本には、各種材料の使用量や調理方法、時間が示されていますよね。材料の「肉」をＧｒｅｅｎ Ｍｅａｔにそのまま読み替えればよいのです。

まだ大量生産できる態勢が十分に整っていないため、価格は市販のミンチ状の畜肉の、およそ1・3～1・5倍と、少々高めです。それでも一定の支持を得て、当社の売り上げの多くをＧｒｅｅｎ Ｍｅａｔが占めるようになりました。残りは、プラントベース食品の通信販売や卸売りによるものです。

データを組み合わせて新製品を生み出す

――なぜプラントベース食品を販売しようと思ったのですか。

わたしがベジタリアンであることが背景にあります。高校生の頃、犬はペットとして大切に飼うのに、同じ動物である牛はなぜ食べるために殺してしまうのだろうと、素朴な疑問をもちました。動物を食用にすることに抵抗感を覚え、せめて自分だけは肉や乳製品、卵など動物性の食品を口にするのはやめようと思うようになりました。

高校卒業後に米国のシリコンバレーに留学した際、ベジタリアンであることが周囲にすんなり受け入れられ、生活しやすくて驚きました。ほとんどのスーパーにプラントベース食品の専用コーナーが設けてあり、文化のなかに溶け込んでいることがわかりました。

日本では、ベジタリアンやビーガン向けの食品はあまり一般的ではありません。例えば、野菜餃子といえども豚の油であるラードが使われていたり、牛や豚のエキスが添加されていたりと、多くの場合、動物性の原材料が入っています。日本に住むベジタリアンやビーガンはきっと不便に感じていたはず。その人たちの食の選択肢を広げたいと思ったことが、創業のきっかけです。

帰国後の2011年に通販サイトを立ち上げ、プラントベースのハンバーグやソーセージなどを販売し始めました。ただ、メニューの数をもっと増やしてほしいと顧客から要望が寄せられるようになり、自分でも新製品のアイデアがいくつも浮かんでいたことから、それらをかたちにするため、2013年ごろから企画と製造にも踏み出しました。

――自社製品の開発はどのように進めたのですか。

アイデアを手に各地の食品工場を訪ね、製造を依頼して回りました。まだプラントベースという言葉がほとんど知られていないころのことです。何カ所からも断られたものの、最後は理解を示してくれる工場をみつけました。

ただ、市場に出回っていない食品を一から生み出すわけですから、開発はスムーズには進みませんでした。何度も試作を繰り返すうちに、そこまでの要求には応えきれないと言われてしまいました。委託先の工場にはわたしたち以外にもたくさんの依頼主がいて、なおかつプラントベース食品だけを扱っているわけではありません。これ以上無理を聞いてもらうのは難しいと諦め、開発を内製化することにしたのです。

まずは実験が得意な理系の大学院の卒業生や食品開発の経験がある人材を集めるとともに、食品の硬さや味を計測できる機械を一通りそろえました。自社製品の第1号となるメニューを餃子に設定し、研究開発を始めました。

大豆やエンドウ豆をさまざまな方法で加工し、粒の粗さを変えた原材料をいくつも準備しました。そしてその他の食材と組み合わせては、機械でデータを取っていく作業を繰り返しました。味だけではなく、口に入れたときの風味や、かんだ時の食感までを研究し尽くし、1年かけてプラントベースの餃子の開発にこぎつけました。

これを皮切りに開発を続け、現在のラインアップは30品にまで増えました。

――スピーディーに開発できるのはなぜでしょうか。

製品化に至らなかったものを含め、過去に試作した食品の大きさや形状、硬さ、味、香り、それらに応じた原材料の配合比率などのデータを取りためているからです。

牛肉のハンバーグをプラントベースでつくるケースで説明しましょう。弾力と歯応えを再現するために、まずは牛肉でつくったハンバーグの硬さを計測します。次に、過去の試作品のなかから、数値の近いものを検索します。すると、その硬さを再現するための大豆やエンドウ豆、その他の添加物の配合がわかります。硬さだけでなく、味、香りなどについても同様の作業を行い、最終的に牛肉のハンバーグに最も近い配合を導きます。

つまり、つくりたい食品を要素ごとに分解し、当社がもっている膨大なデータと突き合わせて、どうすれば再現できるかを検討するわけです。それらのデータをもとに、当社のキッチンで試作すると、おおよそ予定していた出来になります。その後は、委託工場を使って量産化を進めていきます。

プラントベースが広げる食の選択肢

――最近の目玉商品は何ですか。


チャーシューです。これまでラーメンのスープや麺はプラントベースでつくることができても、チャーシューは実現が難しく、麩《ふ》や野菜で代用されていました。しかしそれでは物足りないと思い、極限まで肉のチャーシューに似せた植物性のチャーシューを２０２３年９月に開発したのです。これはメディアでも大きく取り上げられました。

当社は、創業後しばらくは、ベジタリアンやビーガンの生活を便利にしたいという思いで事業を展開してきました。しかし、創業10年を迎えた2021年ごろから、それだけでは日本の食文化のなかにプラントベースを根づかせることは難しいと考えるようになりました。もっとおいしさにこだわった商品であれば、より多くの人に選んでもらえるのではないか。そう考え、大手食品メーカーなどと資本業務提携を行い、味や食感の改善に取り組んできました。今は、Green Meatが、牛肉や豚肉、鶏肉などと並ぶ、一つの肉の種類として広く認知してもらえるような社会を目指しています。

――健康や環境といった、プラントベース食品の付加価値にも注目しているそうですね。

そうです。まず健康面でいえば、肉は好きでもコレステロールの高さが気になるという人は多いのではないでしょうか。一般に、コレステロールは動脈硬化など生活習慣病のリスクを高めるといわれています。一方で、プラントベース食品であれば、コレステロール

肉そっくりの植物性チャーシュー

の過剰摂取を心配することもありません。

まずは、週1度でもよいので、健康を意識した人が、畜肉を植物肉に置き換えるなど、気軽にプラントベース食品を取り入れられるようになったらよいですね。

環境面では、畜産が地球温暖化に及ぼす影響の大きさを指摘する声が少なくありません。国際連合の食糧農業機関によれば、畜産による温室効果ガス排出量は、世界の総排出量の約14パーセントを占めるそうです。Ｇｒｅｅｎ Ｍｅａｔの場合、製造工程で排出される二酸化炭素は、同量の牛肉を生産するのに比べ、およそ20分の1に抑えられます。

ほかにも、世界的な人口増加に伴い、将来的な畜肉の供給不安も指摘されています。植物肉を提供していくことは、食糧の安定供給にも貢献できると考えています。


――今後の展望を教えてください。


海外展開にも力を入れていこうと思っています。食の好みには個人差がありますが、国や地域による食文化の差も大きいはずです。例えば、北米で多く流通している植物肉と、当社のＧｒｅｅｎ Ｍｅａｔでは、同じミンチでも味わいが大きく異なります。

北米メーカーの植物肉は濃厚な赤身肉のうま味を再現しており、和食のあっさりした味付けにはあまり合いません。ですから、海外の和食レストランで海外製のプラントベース食品を使用して料理をつくると、和食らしからぬ味わいになってしまうのです。

和食が広まっている海外でも、当社の製品は必要とされると考えています。活躍のフィールドはまだまだ広がっていきそうです。

取材メモ

グリーンカルチャーという社名には、誰もが一つの選択肢として、プラントベース食品を気軽に取り入れられるような食文化を創造したいという壮大な希望が込められている。味や食感を似せようとするだけでは、元の食材を超えることはできない。同社は味や食感を科学的に解析し、極限まで再現するだけでなく、健康面や環境面における新たな価値を加えた「新しい肉」を生み出した。つまり、代替製品の範疇《はんちゅう》にとどまらない「進化形」を目指したのである。

それだけではない。データを用いた科学的なアプローチによって、商品開発のプロセスを大きく変えた。複数の絵の具を混ぜ合わせて新しい色をつくるように、異なる素材を組み合わせて、味や食感、栄養素などをデザインする。データが蓄積されるほどに、そのデザインの精度や速度は上がる。そして組み合わせのバリエーションは無数にある。テクノロジーは食の選択肢を大きく広げた。その先には、一人ひとりの消費者が望む食生活を実現できる社会が待っている。

（笠原 千尋）

事例 11

環境と人に優しい食料生産を

㈱アクポニ

代表取締役　濱田《はまだ》 健吾《けんご》

企業概要

代 表 者：濱田 健吾
創　　業：2014年
資 本 金：300万円
従業者数：４人
事業内容：アクアポニックス農場の設計・施工、生産指導
所 在 地：神奈川県横浜市中区相生町3-61 泰生ビル２F
電話番号：050(5539)1923
U R L：https://aquaponics.co.jp

SDGsという言葉が広まり、持続可能性を意識する場面が増えた。食の分野も例外ではない。農業は農薬や化学肥料、水産業は養殖により、生産性を高めることができる。しかし、土壌や水質の汚染を招き、環境に負荷がかかる面もある。解決策の一つとして注目されているのが、循環型農業のアクアポニックスだ。この技術を日本でいち早く導入した㈱アクポニの社長である濱田健吾さんに取り組みの経緯やメリット、今後の展望などをうかがった。

効率的な循環型システム

――アクアポニックスとはどのようなものですか。

野菜の水耕栽培と魚の陸上養殖を、同じ場所で同時に行う農法のことです。栽培と養殖に使用する水を循環させているのが特徴です。

仕組みはこうです。魚を養殖している水槽の上に、タワー型の水耕栽培装置が何本も並べてあります。野菜に水をあげるため、まずは水槽の水をポンプで吸い上げ、ろ過してごみを取り除きます。この水には、魚の排泄《はいせつ》物から出たアンモニアが多く含まれています。そこで、バイオフィルターに通し、微生物の働きによりアンモニアを野菜の養分となる硝酸塩に分解します。処理した水は、水耕タワーの上から流します。水耕タワーを通る過程で、硝酸塩は野菜に吸収されます。魚に無害な状態となった水が、タワーの下から再び水槽に戻っていくのです。

少し専門的な話になりますが、動物の老廃物から発生したアンモニアが、微生物の働きで硝酸塩に変化し、それを植物が取り込み、育った植物を動物が食べる。この一連の流れを、窒素循環と呼びます。アクアポニックスは、自然界で当たり前に起きている窒素循環の一部を、人工的に実現しているのです。

当社は、アクアポニックスの農場の設計や施工、その後の生産のサポートを手がけています。ほかにも、生産方法やビジネスへの活用方法を教える講座の開催や個人向けキットの販売も行っています。

自社農場で育てている野菜は、リーフレタスや小松菜といった葉物を中心に、イチゴやトマト、キュウリなどです。根菜を除けばほとんどの野菜を栽培できます。一方の魚は、チョウザメやティラピア、ニジマス、モロコなどいずれも淡水魚です。海水魚を野菜と一緒に育てるには塩水と真水を変換する設備が必要になり、コストがかさむためです。

――どんなメリットがありますか。

主に二つあります。一つは、経営効率が良いことです。野菜の栽培と魚の養殖を同時に行うので、別々に行うのに比べて、使用する資源やエネルギーは半分程度で済みます。

節約できる資源を挙げてみましょう。まず、野菜の肥料です。購入費用も施肥の労力も不要です。次に、水です。使用量は、土耕栽培に比べて8割ほど削減できるといわれています。

また、循環型陸上養殖では、水槽にきれいな水を供給するための装置が必要ですが、それも不要です。
もう一つのメリットは、環境負荷が少ないことです。アクアポニックスでは、農薬や化学肥料を使わないので、土壌汚染を防げます。養殖の方も、餌の食べ残しや排泄物を含む排水による水質汚染を気にする必要はありません。農業も養殖も規模が大きくなれば環境負荷も大きくなりがちですが、アクアポニックスではその心配がないのです。

――アクアポニックス自体、知名度は高くないと思います。着目したきっかけを教えてください。

わたしの実家は宮崎県で鮮魚店を経営していました。そのため、わたしは魚を見たり食べたりするのが好きで、釣りを趣味にしています。世界最大の淡水魚であるピラルクを釣るのが幼い頃からの夢でした。

タワー型の水耕栽培装置で野菜を育てる

ブラジルのサンパウロにピラルクを養殖している日本人がいると知り、電話で話をうかがったのがきっかけです。その方が、ピラルクを育てている池の水を隣の畑にまくと、おいしい野菜ができると教えてくれました。家畜の排泄物を肥料にするのは一般的ですが、魚の排泄物を肥料にするのは初めて聞きました。興味をもって調べていくうちに、アクアポニックスにたどり着いたのです。

海外の技術を日本にローカライズ

――どのようにビジネスとして展開していったのですか。

まず、水槽とプランターを配管でつないで小さなアクアポニックスを自宅のベランダにつくってみました。そのことを子どもが通う幼稚園で話したところ、園にもつくってほしいと依頼されたのです。子どもや保護者からとても喜ばれました。その様子から、アクアポニックスには需要があるはずだと、２０１４年に創業したのが当社の始まりです。

ただ、当時の日本ではアクアポニックスはほとんど知られていませんでした。そこで、ブログを立ち上げ、米国の記事を翻訳して公表するようにしました。米国はアクアポニックス発祥の地です。１９８０年代から商業化が進み、当時から情報発信が盛んでした。ブログに「家庭菜園」といった流行りの言葉を入れたり、刑務所で受刑者が作業をしたといった特徴的なトピックを選んだりと目をひくような工夫を凝らしました。

すると、徐々にアクセス数が増え、自分もやってみたい、栽培方法が知りたいなどのコメントをもらうようになりました。そうした声に応えるかたちで、栽培キットの開発、ＥＣサイトの開設、マニュアル本の出版などサービスを展開していきました。

――順調にサービスを拡大していったのですね。

個人向けのサービスを増やす一方で、企業から商業用に大規模なものができないかと問い合わせが数多くありました。しかし、商業規模の農場を施工したり、運営したりするノウハウはありませんでした。

そこで２０１７年、米国に渡り、テネシー州やハワイ州などさまざまな地域のアクアポニックス農場で働きながら施工や生産管理を実地で学ぶことにしました。渡り歩いた農場は2年間で20カ所に及びます。また、魚の排泄物から生産される養分の量や質、それらが植物の成長にどのように影響するかなどを学術的にも学ぶため、アクアポニックスを研究している大学も5カ所訪ねました。

2019年に帰国したわたしは、神奈川県藤沢市に試験農場「湘南アクポニ農園」を設立しました。米国で学んだ技術を日本の四季や梅雨に合わせて調整するため、実証試験を始めたのです。野菜を50種類、魚を10種類程度それぞれ生産しました。

苦労したのは、資材の開発です。広大な敷地でアクアポニックスを営む米国の資材をそのまま使用しても、面積の狭い日本の環境には合いません。パーツを加工しながら調整していきましたが、野菜や魚の育ち具合いを確認するには30日ほどかかります。長時間かけて育てた結果をみながら加工を外注したり、自作したりを繰り返して、ようやく完成したのが現在販売している装置です。

価格、用途別にパッケージ化して販売しています。大きさは10平方メートルからで最大で4000平方メートルを超える農場のプランがあります。価格は100万円から1億円程度です。そのほか、オーダーメードでの施工も行っています。

――現在までの実績はいかがですか。

2年間で約35の農場を施工しました。多くは都市部ですが、大規模農場を地方に設置したこともあります。関心をもつのは、農業を行う企業だけではありません。飲食店やキャンプ場、鉄道会社、百貨店、障害者の就労支援施設が、本業との相乗効果をねらって導入しています。

例えば、オーガニックの素材を売りにしている飲食店では、店内にアクアポニックスを設置して食事中の顧客から見えるようにしました。魚が元気に泳いでいる姿を見れば、農薬や化学肥料を使わずに野菜を育てていることがわかります。

最近はＳＤＧｓへの取り組みとして、環境負荷の少ないアクアポニックスを導入して、ＣＳＲや企業ブランディングに活用する企業も増えています。小さく始めて、リピーターとして規模を拡大する先も増えており、今後も販売数の増加が期待できます。

持続可能な輪を広げていく

――アクアポニックスを普及させていくうえで課題はありますか。

二つあります。一つは、データの蓄積不足です。野菜と魚の種類の組み合わせ方は豊富ですが、それぞれに適した温度や水質などの育成環境を整える必要があります。

しかし、歴史が浅く業界として十分なノウハウが積み上げられていないことから、まだ定石といえるような育成条件が見いだされていないのです。導入先のなかには、設置すれば工場のように野菜も魚も自動的に生産できると考える企業も少なくないでしょう。実験の繰り返しが必要で、すぐに成果が出ないことから、撤退されてしまうおそれがあります。

そこで、遠隔で育成過程の情報を蓄積し、生産指導を受けられるアプリを2021年に開発しました。種まきや給餌などの作業がテンプレート化されており、スマホ画面の実行ボタンを押すだけで、実施した作業内容を記録できます。また、水耕栽培装置や水槽などに取りつけられたセンサーやウェブカメラから、気温や日射といった環境データ、生育状況なども取得します。

当社は作業データと環境データを照らし合わせ、野菜と魚の成長を数値化して月に1回、アドバイスを交えながら顧客に還元しています。顧客のデータを当社が集約して分析し、最適な育成条件を確立できるように取り組んでいるのです。

――もう一つの課題は何ですか。

生産した野菜や魚の販売ルートの確保です。日本ではアクアポニックスで生産したからといって、ほかの野菜や魚と差別化して高値で販売するのは難しいのが現状です。

一方、アクアポニックスの普及が進んでいる米国では、一般的な生産物の2～3倍ほどの金額で取引されることが珍しくありません。背景には、有機食品へのニーズの高まりがあります。化学薬品を使わないことが高く評価されているのです。実際、当社にも海外から問い合わせがきたり、外国人観光客が当社のアクアポニックス農場を訪れたりしています。

日本でも、最近は有機食品が注目され、生産者と販売先が直接取引をするケースが増えてきています。農林水産省の「みどりの食料システム戦略」では、2050年に向けて有機農業を広げていくことを打ち出しており、有機食品に対するニーズが高まることが予想されます。アクアポニックスでつくる野菜や魚をブランディングして、顧客の流通支援に取り組みたいです。

アクアポニックスで育てられるチョウザメ

――御社の取り組みで、アクアポニックスは一層普及しそうですね。

普及させていくのはもちろんですが、アクアポニックスによる循環の輪そのものも広げていきたいと考えています。野菜の栽培と魚の養殖をつなぐ工程には、無駄になっている資源を活用する余地がまだあります。

例えば、飲食店から出る食料残渣《ざんさ》の活用があります。残渣で昆虫を育てて、それを養殖する魚の餌にすれば、人工的な餌が不要になります。

また、ビニールハウス内は一定の温度を保ったり、野菜の光合成を促したりするために、二酸化炭素が必要になります。そこには工場から排出される排ガスが使えるかもしれませんし、同じく工場の排熱はポンプを稼働させるエネルギーに活用できるかもしれません。

食品残渣や排熱、排ガスは、いずれもコストをかけて処分をしていますから、提供する企業にとってもメリットは大きいはずです。今はまだ小さな循環の輪かもしれませんが、いずれは地域を巻き込んだ大きな輪へ広げていけると思っています。

取材メモ

農林水産省「2050年における世界の食料需給見通し」によれば、世界の食料需要量は2050年には2010年に比べて1・7倍になるという。一層の食料供給が求められる一方、生産性を高めようと自然の一部を人為的に拡大してきたしわ寄せは、すでに環境負荷として露呈してきている。改めて持続可能な食料生産について見直しが必要だろう。

濱田さんはアクアポニックスを「小さな地球」と表現する。自然界の循環そのものを再現するので大規模に展開しても、ひずみが生じない。地球の均衡を保ちながら生産性を高める全体最適を意識した取り組みといえる。それに気づいた濱田さんは、日本で先駆けて事業化し、着実に注目度を高めていった。濱田さんが広げる循環の輪は多くの人を巻き込み、いずれ世界を変えていく中心になるかもしれない。

（篠崎　和也）

事例 12

加水分解で
食の新たな可能性を追求する

日本ハイドロパウテック㈱

代表取締役 **熊澤《くまざわ》 正純《まさずみ》**

企業概要

代表者：熊澤 正純
創　業：2014年
資本金：１億円
従業者数：16人
事業内容：粉末・液体状の加水分解処理食品の製造・販売、製造用機械の販売・整備・リース等
所在地：新潟県長岡市稲保4-750-3
電話番号：0258(77)3987
ＵＲＬ：https://hydro-powtech.co.jp

加水分解とは、水が化合物に作用してその分子結合を切断し、別の物質に変化させる化学反応である。体内で炭水化物や脂肪が分解され、栄養として吸収できる低分子の物質に変わるのもその一種だ。日本ハイドロパウテック㈱は、加水分解技術を食品加工に活用して、生産効率の向上や新たな製品、用途の開発に成功した。どんなことが可能になるのか。社長の熊澤正純さんにうかがった。

素材を分子レベルで分解する

――御社の加水分解技術とはどのようなものですか。

一言で説明すると、高分子の素材を、短い時間で低分子の素材につくり変える技術です。例えば、みそづくりの工程では、大豆に含まれる高分子のたんぱく質を、酵素の力で時間をかけて低分子のアミノ酸に分解しています。いわゆる発酵や熟成です。完成までには数カ月かかることもざらにありますが、当社の加水分解技術を使えば大幅に時間を短縮できます。

工程は、大きく四つに分けられます。第1に、混合です。ミキサーで大豆を粗く砕きながら水を加えます。第2に、加熱・加圧・せん断です。当社が設計した押出機で、熱と圧力を加えながら、スクリューで細かくすりつぶして素材の分子構造を断ち切ります。第3に、粉砕・乾燥です。乾燥粉砕機でさらに細かく粉砕するとともに、瞬時に水分をとばして粉末にします。ここまでは一つのラインで連続して行われ、およそ30分で完了します。

最後に、酵素処理です。大豆の粉末に水と酵素を加えます。すでに分解が進んだ状態なので酵素と反応しやすく、短時間で発酵させられます。処理を始めて24時間ほどで、一般的なみそと遜色ない製品ができます。たんぱく質の加水分解には塩酸などを用いる方法もありますが、当社は化学薬品による処理は行いません。熱分解と加圧・せん断などによる物理的分解を中心に、必要に応じて酵素分解を組み合わせます。

当社は、この技術をさまざまな素材に活用し、食品や食品原材料をつくっています。

――時間の短縮以外にもメリットはありますか。

製造にかかる時間が非常に短いので、電気やガスなどのエネルギーコストは従来よりも抑えられます。ほとんどの工程を機械化できるので、人手もそれほど必要ありません。また、化学薬品を使わないため廃水がほとんど発生せず、環境に優しいといえます。

そしてもう一つ、製品が日持ちするのも特長です。食品を腐敗させたり、食中毒を引き起こしたりする細菌のなかには、熱に強いものもあります。しかし、熱

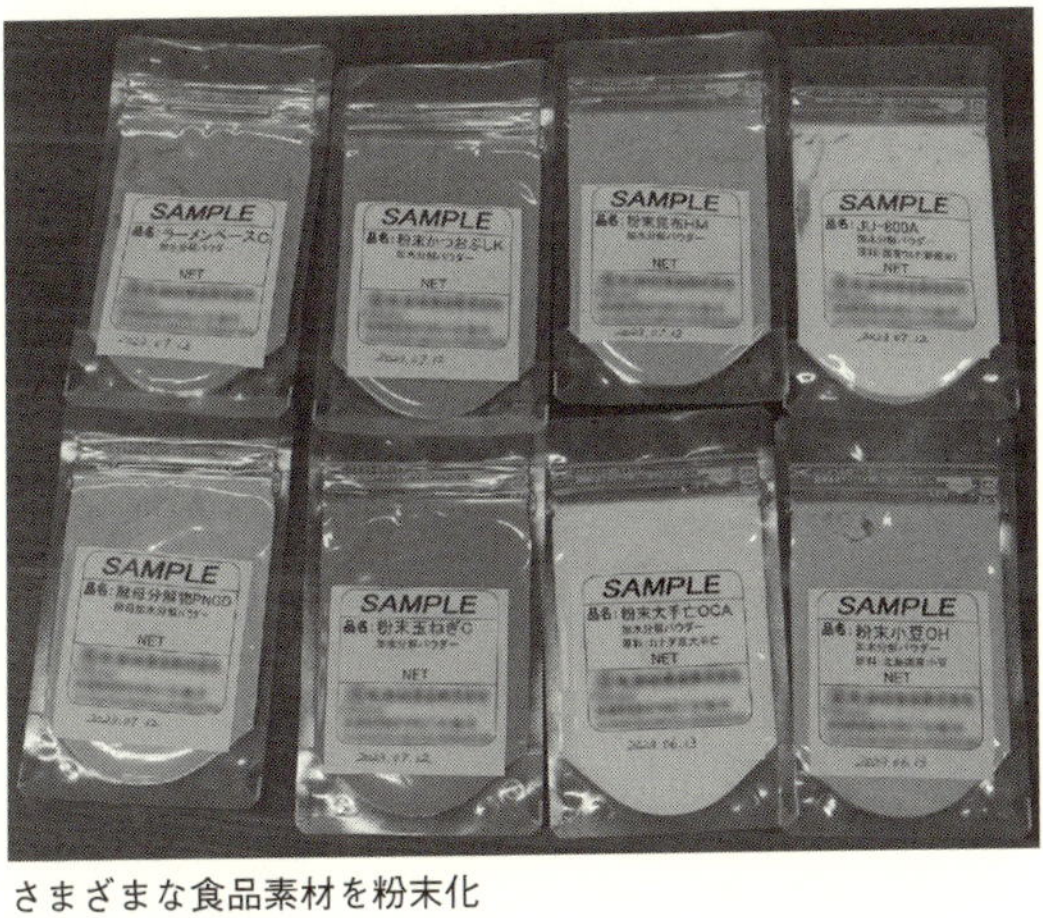

さまざまな食品素材を粉末化

で処理できなくても、せん断や粉砕・乾燥の工程でその多くを殺菌できます。加工後の粉末は腐敗するリスクが低く、長期保存が可能なのです。

――ほかにどのような製品をつくっているのですか。

主力製品の一つが、うるち米やもち米などからつくる米粉です。小麦粉の代わりに使えば小麦アレルギーにも対処できることから、近年、用途が広がっています。

製品の見た目は一般的な米粉と変わりませんが、さまざまな機能をもっています。例えば、当社の米粉でつくったパンやケーキは、時間が経過しても固くなりにくいのです。炊いた米を放置しておくと、冷えて水分が失われ、固くなりますよね。でんぷんの老化という現象によるものです。一方、当社は加水分解技術によって米のでんぷんを低分子のデキストリンなどに変えています。その状態で急速に乾燥することで、成分の老化が起きにくい米粉をつくれます。物理的に細かく分解されているため、唾液や胃液に含まれる酵素による分解が進みやすいという利点もあります。

また、水に溶かすと乳化剤や増粘剤といった食品添加物の代わりになります。米以外の素材を使っていませんから、取り入れたメーカーは原材料名に食品添加物ではなく米粉と表示できます。食品添加物を利用した製品に不安を感じる人も安心して食べられます。多様な食のニーズに対応することは、当社のミッションの一つでもあります。

穀物以外に、野菜や魚、肉、はたまた昆虫なども同様に粉末化できます。4種類の野菜粉末からラーメンのスープのもとをつくるなど、組み合わせによって製品開発の幅も広がりました。これまでに開発した製品は、数十種類に及びます。

技術を提供して生産能力を拡充

――事業化までの歩みを教えてください。

わたしは大学卒業後、プラスチックなどの石油化学製品を取り扱うメーカーでの勤務を経て、2011年に妻の親族が経営する会社に入社しました。米粉の製造を手がける会社です。当時、製造工程は機械化されていたものの、一つの作業しかできない機械が多く、効率的とはいえない状況でした。

わたしは、以前の勤め先でプラスチックを加工する際、似たような工程があったことに目をつけました。加熱や加圧、せん断など複数の作業を同時に行える押出機を転用すれば、効率化できると考えたのです。

しかし、当初は失敗の連続でした。もともと食品を加工するために設計された機械ではないので、壊してしまったことも一度や二度ではありません。温度や圧力、水分量などを微調整しながら実験と検証を繰り返し、機械の改良を重ねました。生産ラインを確立して、効率的に安定した品質の米粉をつくれるようになるまで、およそ2年かかりました。

実をいえば、当初は加水分解が可能になるとは想定していませんでした。出来上がった粉末を分析して初めてわかったのです。プラスチックの加工用に設計された機械のせん断力が強すぎたため、一般的な米粉にはない特長をもった米粉が出来上がったわけです。米以外の素材も試したところ、その多くが同じように分解できました。この技術には需要があると考え、２０１４年に当社を立ち上げたのです。

効率的な生産ラインを確立

――どのように事業を軌道に乗せたのでしょうか。

まず取り組んだのは、販路開拓です。当初、いかに優れた技術であるかをアピールすれば、関心をもってもらえると考えていたのですが、そううまくはいきませんでした。どんな課題を抱えていて、そこに当社の技術や製品でどのようにアプローチできるのか。具体的に使い道を示すことが重要でした。食品メーカーを中心にサンプルや説明資料を持ち込み、自ら営業にいそしみました。全国各地の企業に対して地道な営業活動を続けた結果、製菓会社や製パン会社などで取り扱ってもらえるようになりました。

また、2015年に農林水産省主催の「フード・アクション・ニッポンアワード」に応募したところ、研究開発・新技術部門で、加水分解を活用した当社の製法が優秀賞を獲得しました。これをきっかけに、国内外の企業や大学などから注文や問い合わせが入るようになりました。

注文が増えると、次に課題となったのは生産能力です。工場を拡大したり増やしたりできればよいのですが、製造ライン一式をそろえるためには約1億円の資金が必要でした。そこで、効率良く生産を増やすために取り組んだのが、他社との業務提携です。設備を導入してもらい、ノウハウを伝えます。そのうえで、当社製品のOEMを請け負ってもらうのです。当社のスタッフが提携工場に出向いて、運用のサポートも行います。提携先の企業は、加水分解技術を自社の製品開発に使うこともできます。

――具体的にどういった提携の事例があったのですか。

提携先の一つに、大規模に精米加工を行う企業があります。そこでは、精米時に発生する米ぬかを食用にできないかと考えていました。雑菌の問題もあって米ぬかはそのままでは食べられませんが、豊富な栄養素を含んでおり、捨てるのはもったいない。そこで当社の技術が役に立ちました。加熱やせん断により雑菌の問題を解決し、水に溶けやすい粉末につくり変えました。飲み物や食べ物に混ぜて、手軽に栄養を取れる健康食品の開発につながったのです。

こうした事例を通じて技術の有用性を広く知ってもらえるので、当社としても大きなメリットになります。現在、提携先は国内に5カ所、海外に1カ所の計6カ所まで増えました。生産能力を大きく向上させ、提携先を通じて販路も拡大しました。

――食べられないと思われていたものでも有効活用できるのですね。

当社には、「農産物をはじめ、地球上にあるものをまるごと有効活用したい」というコンセプトがあります。米ぬかのような副産物も、当社の技術で粉末化すればこれまでにない使い方ができたり、長期保存が可能になったりします。カンパチやエビなど、海産物の加工現場で発生する残渣《ざんさ》を食べられるようにするための研究も進めており、量産化できれば食品廃棄物の削減につながります。

用途は食品以外にも

――今後の展望を教えてください。

新たな事業の柱として力を注いでいるのが、チョコレートです。2022年から開発に着手し、現在「ボタニミルクチョコパウダー」という名前で展開しています。カカオ豆からカカオマスをつくり、粉末化するまでの作業は数時間で完了します。また、ミルクと銘打っていますが、全粉乳は使用していません。もち玄米と白インゲン豆の粉末を組み合わせて、ミルクのような風味を再現しました。

この商品には、三つの特長があります。まずは熱に強いことです。50度を超えても溶けないので、暑い日でも常温で持ち運べます。

次に、水に溶けやすいことです。通常チョコレートは水と混ぜても時間が経つと分離してしまいますが、この製品は水に溶けるのでチョコレートドリンクなどにも利用できます。

最後に、アレルゲンフリー、アニマルフリーであることです。全粉乳を使っていないので、アレルギーや宗教などの理由でミルクチョコレートを食べられない人も安心して食べられます。現在は食品メーカーや洋菓子店などで主に製菓材料として使われています。今後は、自社ブランドのチョコレート商品を消費者向けにも販売したいと考えています。

食品の生産者の課題にも取り組んでいます。カカオの実からチョコレートをつくる過程で、外殻や表皮といった副産物が発生するのですが、大半はそのまま農地に廃棄されます。微生物の力で自然に分解されるまでには時間がかかるため、その間に雑菌が繁殖し、カカオの生育に悪影響を及ぼすおそれがあります。

そこで2023年から、副産物を加水分解して土壌の改良につなげるための研究を、提携している企業や大学と共同で進めています。粉末にしてから廃棄すれば分解されるまでの時間を大幅に短縮できますし、殺菌しているので衛生的です。

――ますます活躍の場が広がりそうですね。

海外にも事業を展開していく予定です。その第一歩として、シンガポールに現地法人を設立しました。フードテックの注目度が高く、大きな市場であると同時に、関連する企業の集積地でもあります。日本の素材を使った製品を世界にアピールできると考えています。

当社の技術を導入すれば、生産効率の向上が見込めます。一方で、すでに生産方法が確立されている分野では、大がかりな新規投資を行ってまで方法を変えようとはしないかもしれません。単に既存の技術に取って代わるのではなく、新しい製品や用途を生み出したり、不可能を可能にしたりする。そんな価値を提供できる企業でありたいと思っています。

取材メモ

食品廃棄物の抑制や多様化する食生活への対応など、食に関する課題はさまざまである。同社は、加水分解技術によって既存の製品に付加価値を与えたり、まったく新しい製品や用途を生み出したりすることで、それらの課題解決に取り組んでいる。

熊澤さんによると、同社の技術はバイオマス燃料や化粧品といった幅広い分野にも応用できると見込んでおり、研究開発を進めているという。投入できる人手や資金を考えれば、一企業の手に余るのではないかと思うかもしれないが、やみくもに事業領域を拡大しているわけではない。それぞれの領域の専門的な知見をもつ企業と協力し、足りない部分を補い合って活躍の場を広げているのである。多くの企業と業務提携を結んでいることは、それだけ注目されている証しともいえるだろう。今後も同社の挑戦から目が離せない。

（青野　一輝）

フードテック ―中小企業によるフード業界の変革―

2024年10月21日　発行（禁無断転載）

編　者　日本政策金融公庫
総合研究所

発行者　脇　坂　康　弘

発行所　株式会社 同 友 館
〒113-0033 東京都文京区本郷2-29-1
渡 辺 ビ ル 1F
電話　03(3813)3966
FAX　03(3818)2774
https://www.doyukan.co.jp/
ISBN 978-4-496-05725-0

落丁・乱丁本はお取替えいたします。